THE WINE LIST

Stories and Tasting Notes
behind the World's Most
Remarkable Bottles

Grant Reynolds

梦想酒单：

顶级葡萄酒背后的故事
与品酒笔记

[美]
格兰特·雷诺兹 著
李长征 译

重庆大学出版社

献给

内德·本尼迪克特

如果本书是出自你手，它会更加美妙、更加有趣。

特别感谢你的无私分享。

前　言

"年份"这个词，总是给我们带来丰富的联想。它可以用来描述服装、海报、手表、汽车等一切事物。在我的世界里，它表示葡萄成熟、采摘的"那一年"，它是每瓶葡萄酒一切美妙品质的基础。每瓶葡萄酒都是一个独特的个体，它的独特性是由一系列基本参数定义的，比如，酿造这瓶酒所使用的葡萄品种、葡萄的栽培情况（具体到国家、地区、葡萄园，甚至葡萄园中的具体小地块），还有这瓶酒的生产商、酿酒师，以及把一串串葡萄酿成酒所用的所有工艺、设备和配方等。提到年份，人们通常想到的差异是那一年的气候与别的年景不同，但酒标上表示年份的四个数字蕴含的内容却远不止于此。葡萄酒的酒标上的数字信息，可以是一种严谨的差异性标识，或者是一个精选的年份，或者是一种更夸张的质量和商品价值的暗示。

还没有达到法定饮酒年龄（准确地说是美国法律允许的年龄），我就不可自拔地爱上了葡萄酒。我爱上葡萄酒，主要有两个原因：一是喜欢聚会；二是真的太喜欢聚会上的葡萄酒了，它的历史、味道，以及其所包含的一切都令我着迷。我在意大利读了一年高中，作为中学生的我，桌上有什么葡萄酒我都敢大胆地喝。当我开始非常关心自己往肚子里灌的到底是什么的时候，我已经在科罗拉多州博尔德市一家名为弗拉斯卡（Frasca）的餐厅工作了。在弗拉斯卡餐厅，我有幸和两位出色的葡萄酒导师一起工作，他们是特别杰出的侍酒师，请允许我隆重介绍他们的名字：马修·马瑟（Matthew Mather）和鲍比·斯塔基（Bobby Stuckey）。他们两位能够神奇地说出我以前从未听过且完全不会发音的名字，比如哈雅斯（Rayas）、嘉雅（Gaja）和达索（Dauissat）。他们谈起葡萄酒比大多数人谈论自己的亲人时还要兴奋，是他们对葡萄酒的热情激发了我对葡萄酒的热爱。其实，在餐厅工作很辛苦，但这份辛苦的工作却让我品尝到了我这一辈子也买不起的葡萄酒，我很享受这份工作带来的乐趣。工作的时长和压力远远比不上顶级葡萄酒赋予我的愉悦，我也有幸品尝到比我年龄更长的葡萄酒。所以有人说，当今最好的品酒师都是那些在餐厅底层工作过的人。

2008 年左右，"好酒"仍然与古板画着等号，而且不能用酷来形容，但我不在乎。我被葡萄酒相关的科技、故事、传奇和传说迷住了，它们好像使某一款葡萄酒具有某种特定的风味，或者让它变得异常昂贵，甚至从你我的世界中消失。我从关于这个主题的一些著名书籍中学习，向杰出的导师学习，我痴迷地研究了过去数十年的天气预报，也从早期的互联网中学习，我学到了很多。我在谷歌上输入："1988 年意大利的天气怎么样？"1988 是我出生的年份。然后，有几位著名酿酒师和侍酒师通过社交平台告诉我：巴罗洛（Barolo），1988 是一个不错但不是很好的年份。西施佳雅，1988 是最好的一年。勃艮第，这一年的葡萄酒除一些白葡萄酒其他都很糟糕。1988 是卢米酒庄（Domaine Georges Roumier）的魔法之年、是霞多丽（Chardonnay）香槟英雄般的荣耀之年、是雷司令（Riesling）的绝佳年份等。这一年，北罗纳河谷的红葡萄酒虽带有 1989 年和 1990 年的影子，但表现更好。对于帕克之前风格的加州赤霞珠（Cabernet Sauvignon）来说，这一年的酒表现也还不错。这些发现并没能满足我的好奇心，反而进一步激起了我的兴趣。我发现自己在探索 1988 年的所有这些事情的成因，以及为什么仅仅这四个数字就能说明这么多问题。

于是，我攒钱去国外旅行、无偿工作，目的就是能够到处品尝美酒。我被罗马的罗西奥利（Roscioli）所吸引，在那里我第一次发现了菲亚诺（Fiano）、艾格尼科（Aglianico）和弗莱帕托（Frappato）等不起眼的意大利葡萄品种的陈酿潜力。我在世界上最出色、最热情的杜雅克酒庄（Domaine Dujac）采摘葡萄时了解到，与餐厅的工作辛苦程度相比，在勃艮第的葡萄园里摘葡萄简直就是世界上最严厉的体罚。在杜雅克，我第一次品尝了 20 世纪 50 年代和 60 年代的葡萄酒，我对它们的价值没有太多概念，所以我当时就用了一种近乎谦卑的方式去体验这些葡萄酒。

我在杜雅克品尝了波尔多、勃艮第和罗纳河谷最经典的法国葡萄酒之后，再次不取报酬地申请了哥本哈根知名主厨雷内·雷德泽皮的诺玛餐厅（René Redzepi's Noma）的工作。这时，自然葡萄酒刚刚走出巴黎的酒吧。在诺玛餐厅，我尝到了这个富有争议的葡萄酒的"好"和"坏"的两面。餐厅的葡萄酒总监玛德斯·克莱伯（Mads Kleppe）拥有非凡的渠道、精准的品酒能力以及餐酒搭配最极致的酒单，他确实是世界上最好的餐厅里的最佳侍酒师。当时玛德斯推崇的名不见经传的葡萄酒如今已成为收藏家的心头好。今天，来自奥弗诺瓦（Overnoy）、普雷沃斯特（Prévost）、塞巴斯蒂安·里福（Sébastien Riffault）、梅特拉斯（Métras）、普夫弗林（Pfifferling）、伯纳多（Bernaudeau）等很多酒庄的葡萄酒，每天晚上都会出现在客人的高脚杯里。

2012年，我搬到了纽约市。拉贾特·帕尔（Rajat Parr）是一位优秀侍酒师，他是品尝过世界上最名贵葡萄酒的幸运者之一，他鼓励我去品尝大量古老而稀有的葡萄酒，这个提点对我来说已经足够了。另一个把我引入这个独特世界的是罗伯特·玻尔（Robert Bohr），他和拉贾特一样，品尝过大量的顶级佳酿。罗伯特说服我，与其选择在麦迪逊公园十一号（Eleven Madison Park）或丹尼尔（Daniel）等备受好评的餐厅担任侍酒师，不如自己开一家供应优质葡萄酒的休闲餐厅。这家餐厅位于西村的中心，名叫查理·伯德（Charlie Bird），因其酒单而获得多项殊荣。我和罗伯特以及一群了不起的人，决定再开两家餐厅，并坚持同样的初心：烹饪出真正的美食，为顾客挑选和提供最好的葡萄酒，我们也没有那么多烦琐的礼节，如果你愿意，穿着运动鞋到我们的餐厅也没有关系。

餐厅成为这座城市里葡萄酒爱好者的目的地，他们为世界上最好的葡萄酒而来。我作为餐厅的葡萄酒总监和合作伙伴，经常会打开酒龄比我父母年龄还要大的葡萄酒，非常庄重地品尝属于侍酒师的那一口，这很可能是我今生中仅有的一次品尝那种味道的机会。我学会了批评那些无法令人兴奋的葡萄酒，并为自己发现和囤到了既便宜又好喝的酒而开心不已。

回顾这一切，我感觉到自己真的很幸运。随着时间的推移，随着年龄的增长，随着葡萄酒与我一起成熟，我们都变得更加柔和、安静。有些葡萄酒会绽放出最好的品质，有些则只能继续贮存。但是，是什么决定了葡萄酒的命运呢？我发现，它也是我职业生涯初期就在探寻的。它就是葡萄采摘的年份以及后续一系列技术工艺的结合，影响了葡萄酒的味道，并决定了它的保质期和生命长度。

《梦想酒单》也是我的酒单，它记录了那些我认为非常出色的葡萄酒，其中一小部分令人极为惊叹，大部分是优秀的，但也有少数比较糟糕的葡萄酒，在葡萄酒历史上它们被很多品鉴家提及。通过我的酒单，您能读到有趣的葡萄酒八卦，最著名葡萄酒的年份故事，并能够深入了解这些葡萄酒的名声到底是实至名归还是人为炒作。您还能读到关于新一代酿酒师的故事，他们很快将凭借自己的实力成为传奇。当然，也有对葡萄酒新兴生产商的阐述，它们很快就会凭借自己的产品成为行业新星。您还将了解到一些葡萄酒的发展史。我通过向酒庄庄主们请教、参观他们的酒窖、到他们的葡萄园里劳作，以及阅读大量葡萄酒专业书籍，喝了很多好酒（这是了解葡萄酒的最佳方法），对葡萄酒世界的过去和现在有了自己的看法。

本书介绍了那些著名的年份，总结了这些年份何以引人注意，介绍了促使这些年份葡萄酒成为佳酿的人物和地点。本书分为四个部分：第二次世界大战前，为许多人开辟了道路；第二次世界大战后，胜利者酿出许多最受尊敬的葡萄酒；第一个受气候变化和全球市场变革影响的时代；最后是今天这个时代，它满足了葡萄酒史上最为好奇、最多样化、最为热情的消费者。在此过程中，我们会时不时地停下来聊一聊那些更有趣的创想，例如，那些伟大的酒标和生物动力法。此外，您不必再通过发黄的小报和过去的天气预报来了解 1969 年法国东部发生的事情，书中的每个条目（代表一个年份）都指向那一年中的一些精彩、重要，甚至奇异的时刻。通过畅销书作家、《纽约客》前职员贝奇·库珀（Becky Cooper）的研究，你会发现，虽然其他形式的艺术与其创作时期密不可分，但葡萄酒从字面意义上来说更是特定时刻的产物。

《梦想酒单》还回答了我们为什么要以这种方式对某些年份进行分类的问题。最重要的是，它提醒我们，就像酒一样，一切都会改变，无论好坏。

Part One

The Founding Bottles
(Prewar)

第一部分

创始之酒
(1945 年之前)

早在公元前 6000 年，格鲁吉亚、伊朗和亚美尼亚等地就有了关于葡萄酒起源的记录。那时的葡萄酒还没被装进瓶子里，更没有人收藏。我还可以假设，当时也没有品酒笔记，没有葡萄酒晚餐，也没有出现鉴赏家。那只是用葡萄酿成的酒。

后来，当世界被希腊人、罗马人、葡萄牙人和英国人殖民时，葡萄藤像香料以及其他的植物一样到处传播，它四处生根发芽，茁壮成长。经过几千年的发展，葡萄酒演变为艺术与工业的结合，终于发展成今天我们所熟知的样子：一个玻璃瓶，容量通常是 750 毫升，里面贮存的是发酵后的葡萄汁，瓶身上的标签既满足艺术化的需求，又符合标准化的法律要求，瓶口处有一只软木塞时刻保护着美酒不受氧气的侵蚀。

16 世纪左右，葡萄酒就出现了最早商业化的迹象。当时的波尔多和马德拉等港口附近 各大葡萄酒产区开始向外地销售他们的产品，英国、荷兰等地都是这些产区的重要客户。从那时起，代表了特定的酒庄和品质的葡萄酒标签就出现了。葡萄酒标签本质上就是一个城堡或豪宅的名字，它传达了产品的品质信息。那时的葡萄酒，毫无疑问是一种奢侈品，一种有着独特价值和意义的酒精饮料。

时间到了启蒙时代，科学占据主导地位，各种商业走向国际化，农业革命极大地提高了农场和土地的生产力。玻璃瓶制作技术的出现，意味着葡萄酒可以走得更远，保存时间更长。轰轰烈烈的大航海开始了，越来越多的人为了金钱和财富，在大西洋上游弋，人们往往要在海上漂泊数月，在百无聊赖的旅程中，他们需要日日欢饮，葡萄酒不仅仅是一种酒，还是水源，甚至是药品。跨大西洋的旅程也逐步塑造出了全球化的味觉。

从 18 世纪到第二次世界大战，葡萄酒贸易主要由波尔多葡萄酒，以及甜型葡萄酒如波特酒、苏玳葡萄酒、马德拉酒等主导。虽然意大利、西班牙和美国加利福尼亚州也生产葡萄酒，但直到 18 世纪之交，这些葡萄酒仍然主要被当地人消费。当根瘤蚜虫灾害爆发，全世界的葡萄酒行业都受到影响时，很多鲜为人知的产区渐渐开始崭露头角（见第 14 页）。再往后诸多更大的挑战纷至沓来：第一次世界大战爆发、世界进入经济大萧条、美国等国家启动禁酒令、第二次世界大战再燃战火等。

接下来的故事包含了五花八门的争议、不断上演的悲剧和影响人类命运的环境事件，但不管葡萄酒行业面临怎样的挑战，却仍有很多杰出酒庄脱颖而出，为我们今天所知的葡萄酒和葡萄酒行业的发展奠定了基础。

美国葡萄酒历史上
第一个势利小人

5 月 13 日，英国海军上将阿瑟·菲利普启航前往澳大利亚，目标是建立英国的囚犯流放地。除了囚犯和船员外，他还带来了第一批葡萄藤，并在澳大利亚进行试种。后来，这些葡萄藤因经受不住当地的高温和潮湿而全部死亡。

5 月 14 日，北美各邦的代表们抵达费城参加制宪会议。特拉华州成为联邦的第一个州，其次是宾夕法尼亚州和新泽西州。

法国化学家安托万·拉瓦锡（Antoine Lavoisier）第一个提出二氧化硅（四千年来一直被用来制造玻璃）可能是元素硅的氧化物。

1787

不幸的是，没有资料具体记载葡萄酒是什么时候从收集变成收藏的。虽然欧洲一些最著名酒庄的历史可以追溯到 11 世纪，但在欧洲人们认为葡萄酒也就稍微比啤酒更受"上流社会"青睐而已。也就是说，除了它的物理作用外，葡萄酒绝不是一种令人着迷的东西。然而在美国，这种认识发生了改变。改变这种认识的不是别人，正是亲法派的开国元勋托马斯·杰斐逊。1785 年至 1789 年，在担任美国驻法国大使期间，托马斯·杰斐逊成为美国第一位葡萄酒收藏家和爱好者，他将葡萄酒运回白宫。直到今天，白宫里仍然存放着一小部分当时用国家税收公款购买的葡萄酒。

毫无疑问，托马斯·杰斐逊在葡萄酒上很有品位。他运回美国的葡萄酒大多数今天仍被认为是葡萄酒收藏家们的基本款，其中包括波尔多酒、波特酒和苏玳贵腐酒，这些酒因其口味的复杂演变而受到收藏家们的青睐。但在葡萄酒界，杰斐逊不仅仅是一位有正面影响力的人物，他还是葡萄酒历史上最臭名昭著事件的关键人物。

1985 年，在伦敦的一次拍卖会上，一瓶 1787 年份的拉菲（Lafite）古堡被拍卖。这个酒的瓶子上刻有 Th. J 字样。传说，在葡萄酒被运回美国之前，杰斐逊要求在酒瓶上刻上他的签名，目的大概是防止内阁中不太杰出的成员"摸"到好东西，然后把酒喝掉。这瓶 1787 年的拉菲古堡拍出了 10.5 万英镑的高价，打破了当时葡萄酒拍卖的最高价格纪录。要知道，当时的名庄酒的价格远远没有达到今天所能接受的高度，于是六位数的高价顿时成为一个惊天大新闻。买家福布斯家族竞拍这瓶酒并不是为了饮用，而是希望作为一件具有国家意义的文物进行收藏。

此次拍卖之后，其他带有杰斐逊签名的葡萄酒也陆续被交易，其中自然也包括更多的 1787 年份的拉菲。二十年后，拉菲的买家之一比尔·科赫（Bill Koch）为了筹备波士顿美术馆的古董展，对这些拉菲进行了真伪鉴定。最后，经托马斯·杰斐逊基金会确认，这些酒并不属于托马斯·杰斐逊，从而揭开了葡萄酒界有史以来的最大丑闻。

无论真假，当面对如此古老而稀有的葡萄酒，我们不禁都想知道：它是什么味道、什么颜色、香气如何、酒体是否完整等。如果储存条件适当，它可能会很棒，价格可能值六位数，但真实的情况谁又能知道呢。与其他收藏品一样，葡萄酒的吸引力和价值绝不仅仅在于它的味道。

彗星来的那一年

1月8日，查尔斯·德斯隆德斯（Charles Deslondes）领导了美国历史上最大规模的奴隶起义，新奥尔良附近有200多人参加起义。

1808年，拿破仑从西班牙国王手中夺下王冠并将其戴在自己兄弟的头上。西班牙人反对法国人统治西班牙和侵占其领土。同年，主权争夺战在拉丁美洲蔓延。

如果革命的气息弥漫在空气中，那么蒸汽船就在水上遨游。10月11日，第一艘蒸汽动力渡轮开始在纽约市和新泽西州霍博肯之间运送乘客。

1811

19世纪初，葡萄酒大多装在壶或其他较大的容器里出售。从酒庄到消费者的酒杯这段过程，葡萄酒并不适合长时间存放。值得庆幸的是，也有一些例外。今天，当那个时代的一瓶被妥善保存的葡萄酒被发现时，即使是最没有鉴赏力的人，也会觉得不可思议。

世界上最经得住时间考验的陈年葡萄酒是法国、西班牙、葡萄牙、德国和匈牙利的甜型葡萄酒。高含糖量既带来了葡萄酒的甜美，又具有防腐剂的作用。如果您爱吃甜食，那么没有什么能比得上一瓶苏玳产区滴金酒庄（Château d'Yquem）的贵腐葡萄酒。用滴金来结束一顿晚餐，能把你的晚餐享受推向高峰。滴金，就像女演员里的玛丽莲·梦露一样，让人魂牵梦绕，1811年的滴金精彩绝伦，或许再也没有比1811年更伟大的年份了。

那么，1811年发生了什么？在金秋十月，葡萄园的采摘工作开始了，这时一颗拖着长尾的大彗星划过天空。酒农间流传的一个古老故事，异常天象期间收获的葡萄酿制的葡萄酒总是具有卓越的品质。就像潮汐和海滩一样，月亮和星星似乎对葡萄酒有直接影响，在酿酒师的嘴里，他们更乐意将宇宙影响的精密机制演绎成扑朔迷离的"谜团"。于是，"大彗星之酒"在市场上传播开来，价格自然是水涨船高。

虽然大彗星或许与1811年的滴金有关，但浩渺宇宙总不能抢走全部功劳，实际上当年的葡萄酒质量都特别优良，这个年份早已成为葡萄酒饕客的梦中情酒。几个世纪以来，滴金一直是酒中翘楚，因其美妙的焦糖色、奶油质地和糖果味而备受赞誉。

在1855年的葡萄酒分级中（参见第11页），滴金是唯一获得最高评级的苏玳葡萄酒，这表明它比产区内所有其他同类葡萄酒更有明显的优越性。

壁橱不是酒窖：
葡萄酒的储藏

若倾尽心血酿造出顶级佳酿却任其凋零，那这份痴迷岂非失去了意义？保持葡萄酒生命力的关键在于如何保存它、如何保护它。葡萄酒需要幽暗、稳定的环境庇护，在温润的寂静中沉睡，氧气是葡萄酒的大敌，所以一定要想尽一切办法保持酒瓶密封。今天，有人借助区块链技术记录葡萄酒的生产、运输和储存信息，保存好葡萄酒销售过程中的每一个步骤，就是为了几十年后，向它们的收藏家们表明，他们的葡萄酒一直保存良好，非常安全和可靠。

在葡萄酒数千年来的发展历程中，黏土一直是世界各地锅碗瓢勺最为重要的制作原料，陶罐是主流的葡萄酒容器。中国考古人员在陶器碎片上发现了最古老的酒精饮料，9000 年前，中国古人就用葡萄和大米等原料混合发酵最原始的酒。格鲁吉亚人在新石器时代就已开始酿酒了，算起来也有 8000 年左右的历史。有证据表明，葡萄酒曾储存于地下的巨大陶罐中。

古埃及人、古希腊人和古罗马人也用各种不同大小的红色陶罐储存葡萄酒。据说，大诗人荷马就曾爱好将陶罐按年份排列收藏。黏土的细密性有利于保持其内容物持久新鲜，再用软木塞将罐口塞住，葡萄酒就能储存相当长的时间。当罗马帝国的大军开拔到高卢时情况变了，这种存储方式不再受欢迎。当时的高卢人以啤酒为主要饮料，酿造啤酒才是高卢人的绝活儿。罗马人发现高卢人善于使用木桶来储存他们的商品。木桶比双耳陶罐更坚固、更轻、更便于携带，但不好的一面是，木头和木板在隔绝氧气方面比黏土要差得多。因此，到了公元 1 世纪的时候，陶罐的统治地位结束了，除了自带防腐功能的甜型葡萄酒外，葡萄酒也很难储存一年以上的时间了。

17 世纪的英国，整个社会处于大发展的破晓之前，很多事情开始慢慢改变，葡萄酒终于与煤炭烧制的玻璃相遇。煤炭燃烧产生的温度比木材高得多，可以制造出更坚固、更耐用的玻璃。软木塞也重出江湖，在封瓶上回到了自己的位置。1681 年的博物馆目录中首次提到了葡萄酒的开瓶器，说它是一种用于从玻璃瓶中拔出软木塞的钢制的"蠕虫"，实际上这个玩意儿最早的灵感来源于火枪的辅助工具。即便如此，20 世纪 60 年代恒温集装箱首次出现之前，在国际运输环节中，让葡萄酒保持合适的温度一直是难以做到的。

关于葡萄酒的储存未来将怎样发展？创造过葡萄酒辉煌时代的玻璃瓶和软木塞极有可能会退出历史舞台。一般人不了解的是，每三十瓶葡萄酒中，就有一瓶酒会受到软木塞 TCA（三氯苯甲醚）的污染。因此，科学家们研发出一款名为 Diam 的替代软木塞，它不含真菌，大大降低了软木塞污染的概率。另外，玻璃瓶的名声也不好，主要原因是制造和运输玻璃瓶都需要消耗大量能源，而且玻璃瓶通常都是一次性的，用一次之后往往就被扔掉了。

现在，有人呼吁仅将玻璃瓶用于一小部分需要在酒窖瓶储的葡萄酒，其他大部分的葡萄酒并不需要长期储存，一般在完成发酵后三年内就会被消费掉，后面这种酒完全可以不用玻璃瓶而用其他更加环保的容器。罐头常用的铝制金属罐由于能源消耗量大，也不是最佳选择。于是，人们开始努力为利乐包容器的葡萄酒正名，在美国，拥有超高性价比的利乐包的葡萄酒已经跟牛奶一样非常普遍，受到广大消费者的欢迎。

拿破仑把事情
变得太简单

在拿破仑三世组织的波尔多分级的同场活动上，当时比黄金更稀有、更昂贵的铝锭被陈列在法国皇帝的皇冠旁边。

马萨诸塞州成为第一个颁布学校疫苗接种命令的州。

威尔士天文学家特蕾莎·卢埃林拍摄了第一张月球照片。

1855

我给大家列举一下，部分未参与 1855 分级却取得巨大成功的波尔多酒庄：

- 欧颂酒庄（Château Ausone）
- 白马酒庄（Château Cheval Blanc）
- 克里奈酒庄（Château Clinet）
- 克里奈教堂酒庄（Château l'Eglise-Clinet）
- 乐王吉酒庄（Château L'Évangile）
- 康赛扬酒庄（Château La Conseillante）
- 美讯奥比昂酒庄
  （Château La Mission Haut-Brion）
- 花堡酒庄（Château Lafleur）
- 里鹏酒庄（Château Le Pin）
- 柏图斯酒庄（Château Petrus）
- 卓龙酒庄（Château Trotanoy）
- 老色丹酒庄（Vieux Château Certan）

葡萄酒世界没有"肯塔基德比""世界杯"或"世乒赛"之类的受全球瞩目的赛事，也没有艾美奖、格莱美奖或奥斯卡奖之类的颁奖典礼。事实上，除了拿破仑三世在 1855 年授意组织的波尔多酒庄分级外，在很长时间里我们没有看到任何值得关注的生产商排名。1855 年，为庆祝滑铁卢战役结束以来的 40 年和平，法兰西皇帝拿破仑三世在巴黎举办了一场世界博览会。为了将法兰西最好的商品推广给世界，打造法国名片、塑造法国葡萄酒的国际影响力，拿破仑三世要求建立一套酒庄分级体系。于是，"1855 分级"横空出世。

"1855 分级"或者叫它"1855 年波尔多葡萄酒官方分级"，既充满争议，又极具影响力，直到今天依然如此。一群当地的葡萄酒经纪人对波尔多左岸（或梅多克地区）产区的顶级葡萄酒进行了排名。他们没有记分卡，也没有预先制订什么复杂的评判标准，而是综合考量各个酒庄的葡萄酒品质和市场价格，来确定哪些酒庄评为一级（第一等），哪些为二级（第二等），一直到五级（第五等，也是末等）。评选出的最佳酒庄之中最优秀的会被贴上"Premiers Crus"或"First Growths"（一级酒庄）的标签；然后，该名单再从第二级到第五级依次排列。据说，这群人在短短几周内就整理出了这份清单，然后向法兰西皇帝交差并发布实施。

今天，这份清单依然有效，即使这些酒庄的葡萄酒品质与其排名已经不再一致了，清单上的葡萄酒依然参考 1855 年的分级结果定价。许多酒庄已经被出售或品质发生了很大变化，有的酒庄可能一开始就不是那么好，有的酒庄却一直被低估。收藏家和葡萄酒市场也一致认为某些葡萄酒应该属于较高等级，而另一些葡萄酒早就名不副实，应该被降级或者退出这份清单。最主要的是，这份清单仅仅评选了一部分的波尔多葡萄酒，还有大量优秀、高级的葡萄酒并没有参加评级。而后来呢，这份清单从未引入任何新的酒庄，更没有重新评价和评级。很多酒庄就一直躺在这份 100 多年前仓促出台的清单上。市场的涟漪效应层层叠加，最终荡碎了拿破仑的雄心——他本想为波尔多的佳酿排定无可争议的座次，让世人一眼望尽金字塔尖的荣耀。然而时光流转，市场如潮，那些精心构筑的等级制度，在纷繁复杂的商业浪潮中，渐渐褪去了最初的权威光环。

害虫成就了洛佩斯

1877 年是艺术和创新的丰收年：柴可夫斯基的《天鹅湖》首演，托尔斯泰出版了完整版的《安娜·卡列尼娜》，亚历山大·格雷厄姆·贝尔安装了世界上第一部商业电话。

3 月 1 日，弗雷德里克·道格拉斯（Frederick Douglass）就任美国元帅，他是第一位被参议院通过、受美国总统任命的黑人高级官员。

英国废除了自 1712 年以来对报纸的征收税。在没有这项税收的情况下，"阅读所有内容"变得更加容易，新闻媒体也随之蓬勃发展。

1877

1877 年，一种名为根瘤蚜的害虫肆虐法国的葡萄园，不久之后席卷了欧洲其他地区，再后来连新世界国家也未能幸免。欧洲葡萄酒行业陷入灾难之中，葡萄酒的末日威胁迅速从一种可能演变成了迫在眉睫。为了生存，波尔多等主要产区的葡萄酒生产商不得不从他们从未考虑过的地方采购葡萄酒原料。于是，当大多数人都将视线转向法国不太知名地区的时候，一位来自智利名叫拉斐尔·洛佩斯·德·埃雷迪亚（Rafael López de Heredia）的年轻学生却在西班牙里奥哈地区发现了一些未受害虫蹂躏的葡萄藤。极度绝望的法国生产商将里奥哈作为救命稻草，里奥哈成为波尔多酒庄的葡萄产地。但拉斐尔·洛佩斯·德·埃雷迪亚知道，里奥哈不仅是解决法国原料问题的短期权宜之计，更有可能成为世界级的产区，他决定把里奥哈作为自己的机会，一个建立世界上最知名酒庄的机会。

今天，洛佩斯·德·埃雷迪亚（López de Heredia）酒庄呈现在我们面前的，是一个由百年老建筑和现代建筑组成的庞大建筑群，全面传承了拉斐尔的葡萄酒理想，这个酒庄一直为酿造媲美甚至超越法国的顶级葡萄酒而不断努力，它也成为西班牙葡萄酒最杰出的代表之一。不幸的是，最终根瘤蚜虫仍然飞到了里奥哈，肆虐了里奥哈，拉斐尔的葡萄园与其邻居一样惨遭灭顶之灾，也必须重新种植。但酒庄的酿酒风格完全保留了下来，酒庄极其坚决地致力于延续拉斐尔创建的葡萄酒风格，比如，葡萄酒要在橡木桶中陈酿长达十年（法国一般只有两年），经过如此陈酿的葡萄酒，富有红茶和雪茄的风味，而不是鲜花和水果的特征。洛佩斯·德·埃雷迪亚酒庄还因其葡萄酒可以在瓶中存放数十年而闻名。有人认为，在橡木桶里陈酿时葡萄酒暴露在氧气中，可以锻炼葡萄酒的氧化耐受力，装进瓶子后它具有极强的生命力。在拉斐尔及其后来者的孜孜追求之下，今天的里奥哈被公认为是世界上最好的葡萄酒产区之一。进入新世代，在他曾孙女的管理下，洛佩斯·德·埃雷迪亚始终占据着该地区葡萄酒的最高领奖台。品尝洛佩斯·德·埃雷迪亚的里奥哈葡萄酒，容易让人回想起一个早已逝去的时代，你会不由自主地想起庞贝古城的废墟，或者像是穿过根瘤蚜虫灾害之前的里奥哈的山丘。

醉虫:
根瘤蚜虫引发的
世界灾难

这场几乎导致欧洲葡萄酒业彻底终结的流行病始于1862年。当时,一位名叫博蒂(Borty)的酒商收到了一批来自美国的葡萄枝条。然后,他将这些枝条种植在他罗纳河谷的葡萄园中,就是这个操作给世界埋下了定时炸弹。开始的时候,根瘤蚜虫处于繁殖期,数量不大,葡萄树的死亡速度较为缓慢,甚至无法察觉。第一个夏天,只有几公里外的一片葡萄树受到感染。再过一年,博蒂的葡萄园里的葡萄树开始枯萎。比较奇怪的是,他种植的来自美国的葡萄树没出现任何问题,但其他葡萄树陆续死亡。到了1865年,这种疾病悄悄蔓延到附近的城镇。可以确定的是,大量的葡萄树出现了树根腐烂的症状。很快,法国数百万英亩葡萄园大片大片地死亡。酿酒师们迫切希望阻止这种可怕的疾病,他们使尽浑身解数,动用了曾经用过的各种手段,使用的毒药也越来越猛烈和昂贵。有些人烧毁了他们的田地,数千人逃离法国,另寻出路。但所有措施都没有起到作用,相反,灾害蔓延到更远的地方,先是西班牙,然后是意大利以及其他地区。惊慌失措的法国农业部部长发出巨额悬赏令,向全球寻找能够抵御这一灾害的办法。

即便不给悬赏,美国密苏里州昆虫学家查尔斯·瓦伦丁·赖利(Charles Valentine Riley)也会不遗余力地解决这个问题。他童年的大部分时光都是在法国度过的,一想到居住过的乡村那么多葡萄园被毁就痛心不已。1869年,他确定这场灾难的罪魁祸首就是根瘤蚜虫。根瘤蚜虫是一种攻击葡萄树根部并以叶子为食的微小蚜虫,它源自美国东海岸,随着拓荒者传播到全国各地,然后随着递给博蒂的包裹横渡了大西洋。这种虫子吮吸葡萄藤的汁液,在叶上形成虫瘿,在根上形成小瘤,最终导致植株腐烂。博蒂先生种下第一棵美国葡萄枝条之后,蚜虫就在法国安营扎寨并繁衍子孙,它们隐藏在土壤中,疯狂繁殖,并通过农业机械、受污染的植物材料,甚至酒农的鞋底传播开来。查尔斯·瓦伦丁·赖利是达尔文进化论的坚定支持者,他提出假设,认为罪魁祸首也可能是解决之道。因为北美葡萄与害虫共同进化,随着时间的推移,对害虫早已产生了免疫力。因此,查尔斯和其他几位植物学家建议酿酒师将他们的老藤嫁接到具有抵抗性的美国葡萄树上。

不用说，欧洲的酿酒师们对这个方案非常不爽，砍掉他们心心念念的、高贵的葡萄老藤上的枝权，只是为了将它们嫁接到低等、劣质的美国树根上。这就好比香奈儿的古着套装搭配耐穿的沃尔玛球鞋。但面对生计危机和翻盘无望，法国酿酒师们别无选择，唯有死马当活马医，失去面子总比失去生计要好。于是，嫁接实验首先从法国南部开始。到了 1895 年，超过三分之一的法国葡萄园嫁接了美国砧木。

香槟产区是法国最晚遭受根瘤蚜虫侵袭的地区之一。1920 年，香槟地区几乎都是嫁接葡萄园了。（顺便说一句，后来法国部长反悔、拒绝将奖金授予任何人，他的理由是，这些解决方案都只是一种无奈的妥协之法，而不是彻底的解决之道，因此，没有人达到获得奖金的标准。）

今天的欧洲，还是有那么几小片葡萄园得到了幸运女神的护佑，逃过了根瘤蚜虫的魔口，塞浦路斯、圣托里尼和加那利群岛成为躲开了根瘤蚜虫的孤岛，迄今为止没有受到根瘤蚜虫的影响，一些珍贵的葡萄老藤仍然在健康成长。（参见第 33 页）。没有人知道这些产区的确切面积有多大，但如果您在葡萄酒的标签上看到 "Vieilles Vignes" 或 "Vigne Vecchie" 等字样，则明确表示该葡萄酒大概率是老藤葡萄酒。堡林爵（Bollinger）香槟有两个黑皮诺葡萄园在抵抗根瘤蚜虫的大战中侥幸地存活了下来，酒庄利用这两片园子酿造出了最受欢迎的香槟：法兰西老藤香槟（Vieilles Vignes Françaises）。堡林爵本来有三块未发病的地块，但第三块地还是没有躲过根瘤蚜虫的袭扰，在 2004 年不幸阵亡。这清楚地提醒我们，这场战争远没有结束，这种害虫并没有根除。所以，这些幸免于难的老藤、孤勇的幸存者，应该像国家纪念碑一样受到尊重。

玛歌的伟大时刻

20 世纪初，波尔多仍然是世界优质葡萄酒的第一产区。当时，香槟刚刚有抬头之势，勃艮第在专注于散装葡萄酒的销售，罗纳河谷充当着波尔多葡萄酒原料供应商的角色，将部分西拉葡萄出售给经济宽裕的波尔多酒庄，这些酒庄的很多年份葡萄酒的产量和品质都不足。因此，法国希望用一款光芒万丈和地位卓然的葡萄酒来庆祝新世纪的到来，以表现其统治葡萄酒世界百年之久的领先地位，玛歌（Margaux）酒庄毫无疑问成为完成这项任务的最佳选手。1900 年，玛歌酒庄成为波尔多传奇已经有 400 多年的历史，它的地位、成就和荣耀被广泛传颂，比如：它是拍卖史上的第一款葡萄酒（玛歌酒庄 1771 年份酒首次登上拍卖舞台），它有可与凡尔赛宫媲美的城堡（始建于 1810 年），它是 1855 年拿破仑三世分级中名列一等级酒庄的列级酒庄（参见第 11 页）。

这一年，法国全境只有几千辆汽车。为了创造汽车需求，扩大汽车消费，米其林轮胎创始人编辑出版了第一份《米其林指南》。《米其林指南》内容涵盖地图、如何更换轮胎以及在哪里停车吃饭等诸多信息。

纽约市正式启动地铁建设，市长参加了隆重的动工典礼，他戴着丝绸制作的帽子，用一把银色的铲子象征性地挖了一锹土。然后，将一团工地上的泥土带回了自己的办公室。

这一年，人类的全球平均寿命为 32 岁。

1900

作为波尔多最具里程碑意义的年份葡萄酒，玛歌酒庄 1900 年份酒原本就特别好卖。但即便这个优势不存在，1900 年份酒仍然是玛歌酒庄有史以来最好的年份酒。这一年的天气条件使得葡萄的味道浓郁，卓尔不凡。另外，1900 年对于玛歌酒庄也是个丰收年，是八十多年来酒庄产量最高的年份，酒庄有条件出售大量的极品佳酿，分销和推广工作也有条不紊、相得益彰。对于农产品来说，最大的产量和最高的品质很难同时兼得，产量大了往往口感轻淡，质量高了往往产量不高。这种特点与其他手工艺品好像也没什么不同，规模大了质量往往会被拖后腿。但幸运的是，玛歌酒庄的 1900 年份酒是稀有中的稀有，它就像是镀了金漆的劳斯莱斯汽车，产量却如同福特 F-150 一样。

巴黎派对

阿尔伯特·爱因斯坦还在瑞士专利局工作，他发表了四篇论文，改变了我们对宇宙的认识，其中包括包含着 $E=mc^2$ 公式的论文。

说到相对论，对于牙科手术来说，1905 年是好年头还是坏年头，这就需要各位读者自行判断了。德国化学家阿尔弗雷德·艾因霍恩合成了普鲁卡因。在此之前，最常用的局部麻醉剂是可卡因。

第一家五分钱戏院在宾夕法尼亚州匹兹堡开业，它的名字 Nickelodeon 是由入场费五分钱（nickel）和希腊文戏院（odeon）这两个单词结合而成的。然后，五分钱剧院很快在全国各地蓬勃发展。

1905

如果一瓶香槟葡萄酒的酒瓶上标注了年份，那么它比无年份香槟更有声望，售价也更加昂贵。但有些年份酒的处理方式是不同的。大多数香槟都不标注年份，这意味着酒瓶里混合了不同年份的葡萄酒，有的年份不错，有的年份较差。这种将不同年份混酿的方式就不会产生浪费，同时还保持了年年如一的质量水准，保证了品质的延续性。

但"足够好"对于尤金·艾梅·沙龙（Eugène-Aimé Salon）来说还不够好。尤金是一位在香槟产区长大、在巴黎街头做毛皮商人的享乐主义者。在美好时代的鼎盛时期，马蒂斯、毕加索等社会名流特别喜欢在巴黎举行盛大派对，尤金也是其中之一，他经常穿梭于各大派对之间。在那些特别重要的庆祝时刻，最需要一杯更加优质的香槟来烘托气氛，这时尤金站了出来。1905 年，尤金创建了沙龙香槟品牌。他发誓，沙龙香槟只使用最好的葡萄原料和最好的年份酿造的香槟葡萄酒。据说，沙龙香槟的第一批年份酒仅供他的朋友和家人饮用。直到若干年后，他才第一次向公众发布了 1921 年份香槟葡萄酒。巧合的是，它的竞争对手唐·培里侬（Dom Pérignon）也是在同年首次亮相。

直到今天，沙龙仍然恪守最初的酿酒理念，酒庄的葡萄原料来自有"第五大道"之称的梅尼尔村葡萄园，采摘、酿造各个环节都精益求精。自 1905 年品牌诞生以来，每十年里发布的年份葡萄酒都不超过 5 个。对于沙龙香槟来说，没有已经足够好了的说法，只有达到无与伦比才肯罢休。

混酿的进化：
多年份香槟

如果您想购买香槟，而沙龙超出了您的价格可承受范围，您很可能会在侍者给您推荐的酒单上看到 MV 或 NV 这两个字母缩写，它们是"多年份"或"无年份"的意思，意味着这一瓶里葡萄酒并非都是用同一年收获的葡萄酿造的。在全球气候变暖之前，香槟地区气候寒冷且难以预测。因此，香槟地区的生产商们为了保持一定的产量，维持相对平稳的品质，需要将多个年份混合在一起，以确保相对均衡的产量和口味。

熟悉葡萄酒的朋友都知道，天气对葡萄酒的口味影响特别大，也就是说葡萄酒的年份是特定年份的气候的综合表达，不管是夏季的炎热酷暑，还是雾气蒙蒙，抑或是暴雨连连，首先是对葡萄的生长和果实的膨胀产生直接影响，最终会反映在葡萄酒里。这就是为什么有的年份的葡萄酒多汁且果酱味十足，而另一些年份则会不平衡且酸度较高。在风调雨顺的年份，我们会遇到完美的葡萄酒。但是，对于广大的葡萄酒消费者来说，这种变化不仅值得庆祝，而且也是葡萄酒的魅力所在。每一瓶葡萄酒都像是一个时间胶囊，记录了当年的变化。但如果您想要更一致、更平衡的香槟，怎么办？ MV 和 NV 香槟就是不错的选择，酿酒师通过精心设计的混合方案，保持了香槟酒不同年份的一致性和平衡性。所以，生产商就对外宣布，这就是大家理想的葡萄酒，都快来买吧。

有的香槟借鉴了西班牙雪利酒索雷拉酿造法。安达卢西亚的葡萄酒生产商索雷拉系统酿造优质的雪利酒，他们将木桶叠放在一起，常常高达数层。越是老年份的葡萄酒越是储存在索雷拉的最底层木桶中，越是年轻的葡萄酒越是储存在索雷拉上层的木桶中。每次酿酒师从底部的桶中取酒，用上面一排桶中相同数量的酒补充取走的空缺，以此类推。对于香槟来说，生产商是将葡萄酒存储在一个大罐中，而不是层层的木桶里。无论采用哪种方法，这种收集技术都能使最年轻的葡萄酒具有更老年份葡萄酒的成熟度和复杂性。尽管香槟地区的气候在不断变化，产量最大的仍然是无年份香槟（NV），约占 75%。加利福尼亚的克里斯·霍威尔（Chris Howell）、西班牙的贝加西西里亚（Vega Sicilia）和智利的瓦尔迪维索（Valdivieso）也开始尝试酿造多年份起泡葡萄酒。

骑士和他的马

它是法国勃艮第地区北部一个葡萄园的名字。

土壤成分主要是石灰岩。

葡萄园里种植的葡萄是黑皮诺。

战胜的协约国和战败的同盟国签署《凡尔赛条约》（Treaty of Versailles），正式结束了第一次世界大战。美国未能在条约上签字。

每年的总产量约 60000 瓶，这个数字相当小。

拿破仑对香贝丹葡萄酒情有独钟。

伍德罗·威尔逊总统将科罗拉多大峡谷建设为国家公园。

最后，如果您不愿掌握这么多关于香贝丹的信息，请记住，阿曼卢梭酒庄（Domaine Armand Rousseau）在过去和现在都是这片葡萄园的最伟大的酒庄之一。

波士顿一个大型糖蜜储罐爆炸，一波糖蜜以 35 英里 / 小时的速度席卷了周边城市，21 人丧生，从此甜蜜成了人们心中的阴影。此后的几十年里，在炎热的夏日，居民声称该地区仍然闻起来像糖蜜。

1919

1919 年，卢梭家族的名字首次出现在香贝丹葡萄酒的酒瓶上。标签上还写着 "Vieux Plantes"，可以简单翻译为"老藤"。这里的"老"，并不明确指向具体的年份，而是意味着一种质量标志，也就是说葡萄藤越老，葡萄酒品质就越好。使用这种语言是卢梭家族早期的一项宣传策略，目的是让人们知道他们家的香贝丹葡萄酒是用的最好、最老的原料，比别人家的都要好。虽然香贝丹总体上是一个优秀的葡萄园，但卢梭家族与它的关系就像骑师和他的马一样，卢梭家族驾驭着这片土地，不断地推动他们的葡萄酒走向伟大。事实上，拥有一瓶卢梭香贝丹，不会让你有任何损失，反倒是增光无限。

其他葡萄园也将香贝丹的名字与自己的名字联系在一起。其中一些邻居的质量也非常出色，但他们从未成为主角。这些葡萄园是：

- 香贝丹 - 贝日园（Chambertin-Clos de Bèze）
- 夏贝尔 - 香贝丹园（Chapelle-Chambertin）
- 香牡 - 香贝丹园（Charmes-Chambertin）
- 格里特 - 香贝丹园（Griotte-Chambertin）
- 拉奇希尔 - 香贝丹园（Latricières-Chambertin）
- 玛兹 - 香贝丹园（Mazis-Chambertin）
- 卢索 - 香贝丹园（Ruchottes-Chambertin）

酷炫的克劳

1月17日，当午夜钟声敲响时，美国宪法第18号修正案——禁酒法案正式生效。直到1933年2月20日，国会才宣布取消禁酒令。

8月18日，美国宪法第19条修正案获得批准，"禁止一切美国公民因为性别而无法获得选举权"，正式赋予妇女投票权。

冰激凌勺的发明者阿尔弗雷德·L.克拉勒（Alfred L. Cralle）去世。他的设计至今仍在使用。

1920

"如果克劳会说话"，是人们追忆某个陈旧的酒吧或者地板黏糊糊的音乐厅时常说的一句话，法语里的clos是"封闭的"意思。在勃艮第，它就是围着葡萄园一圈建设的围墙，在很多地方也有"酒庄""酒园""酒厂"等含义。勃艮第沃尔奈（Volnay）酒村有一个著名的一级园，叫猫头鹰园（Clos des Ducs），具有堪比特级园的品质，猫头鹰园的围墙古老而又漂亮，但它并没有讲述酒园追随者的八卦故事和醉酒越轨的风流韵事，而是通过园子里的葡萄讲述着它的历史。猫头鹰园用石块砌出来的围墙早在16世纪就有记载，当时建造围墙是为了把值得特殊对待的土地给隔离起来。几个世纪以来，猫头鹰园一直属于安杰维勒侯爵（d'Angerville）家族，葡萄园坐落在沃尔奈酒村的西北部，是沃尔奈村坡度较陡峭的葡萄园之一。但直到1920年，猫头鹰园才出现第一个以安杰维勒侯爵为名的装瓶葡萄酒。当时，勃艮第只有少数几个葡萄种植者灌装自己品牌的葡萄酒，更常见的是合作社模式的酿酒做法。合作社模式是酒农将葡萄出售给酒商，酒商负责葡萄酒的酿造、灌装，酒商将源自多个酒农的葡萄酒混合在一起，然后将产品卖出，最后每个酒农都能从这个过程中分得一杯羹。但猫头鹰园的所有者塞姆·安杰维勒（Sem d'Angerville）不满足于这种状况，他挺身而出，对这种酿酒做法和乱贴标签的方式嗤之以鼻，他大胆地以家族名义酿造和销售葡萄酒，而不是采取这种操作更容易但回报较低的方式，向这些商人出售葡萄原料。面对勃艮第势力庞大的酒商，塞姆·安杰维勒对家族在沃尔奈酒村的土地充满信心，这场赌博最终得到了巨大的回报。经过一个多世纪对这片土地持续不断的耕耘，猫头鹰园的葡萄酒已经成为世界上最好的葡萄酒之一，每年一上市就销售一空，是葡萄酒爱好者热情追捧的明星。

纪尧姆·安杰维勒（Guillaume d'Angerville）后来接管了酒庄，他继续追随祖父和父亲经营家族酒庄的脚步，将这片土地完美地继承和保留下来。在掌管家族产业之前，他是一位成功的银行家，但他从未放弃对葡萄酒的热爱，他回到家乡沃尔奈，继续酿造勃艮第最柔和、最优雅的葡萄酒。

它是唯一：
单一园葡萄酒

葡萄酒标签上的地理区域越具体，葡萄的产地范围就越小，一般来说，葡萄酒的质量就越高。如果你手里有一瓶葡萄酒，标签上写着"酿自欧盟葡萄"，则可能是另一种情况，它是葡萄的原料产地范围最大的葡萄酒，所以品质也就可想而知了。大多数葡萄酒都可以追溯到一个地区的多个葡萄园。"酒庄"或"庄园"葡萄酒的定义是使用酒庄自家葡萄园种植的葡萄酿制而成的葡萄酒，而像猫头鹰园（Clos des Ducs）这样的"单一园"葡萄酒则将这种特殊性再次提升到一个新高度。相对于多个葡萄园原料互相掺杂，单一园葡萄酒的葡萄必须来自某一个特定的葡萄园，这个葡萄园的边界有着明确的法律规定。单一园葡萄酒罕见，但随着人们对风土兴趣的不断增长，单一园葡萄酒的数量也在慢慢增加。

单一园葡萄酒是最纯粹反映葡萄园风土的葡萄酒，反映了葡萄园在光照、降水、风力和土壤的构成、坡度、排水等细微方面的不同之处，并因这种细微的差异产生风味上的不同。

因此，单一园也体现了这样一种信念：葡萄园的原始构成本身就值得珍惜。正如有些公寓仅仅因为邮政编码就能变得更贵一样，有些葡萄酒也仅仅因为葡萄种植地而被认为更高档。

关于风土的信念和定价体系是勃艮第葡萄酒的基础，这里的葡萄酒是根据土地而不是根据生产商进行分类的。勃艮第葡萄园的特级园和一级园分级制度在 20 世纪 30 年代才正式实施，但早在 14 世纪的僧侣们就已经对这片土地进行了分类和命名。

然而，重要的是根据土地对葡萄酒进行排名并没有考虑酿酒师对葡萄酒质量的影响。这么说吧，好泥巴捏个坏坯子的悲剧也是经常发生的，再优质的葡萄原料也会酿造出糟糕的葡萄酒。

唐·培里侬的
第一个葡萄酒爆款

玛丽·谢尔曼·摩根（Mary Sherman Morgan）诞生，她是将美国第一颗卫星送入轨道的喷气燃料的发明者。（她想将她的发明命名为"百吉饼"（Bagel），因为它使用的推进剂是液氧，但是美国陆军部没有采纳这一富有幽默感的建议。）

据称，法国调酒师费尔南德·珀蒂奥（Fernand Petiot）在巴黎的"纽约酒吧"工作时发明了血腥玛丽。该酒吧后来成为欧内斯特·海明威、可可·香奈儿和让·保罗·萨特最喜欢去的地方。后来，酒吧以另一位调酒师的名字改名为"哈利"酒吧。

"冷火鸡"（cold turkey）首次出现在印刷品中，这个词儿指的是戒除毒瘾，尤其是海洛因。它很可能是"to talk turkey"这一表达方式的演变，意思是诚实地告诉某人某事。

1921

就像人们很难理解互联网出现之前的生活一样，葡萄酒行业也很难回忆起唐·培里侬香槟成功之前的时代，唐·培里侬香槟是精品葡萄酒的代名词，是葡萄酒营销上最成功的经典案例。

唐·培里侬香槟也被称作"香槟王"，是著名香槟品牌酩悦香槟（Moët & Chandon）推出的一款特别产品。为了纪念17世纪的僧侣、酿酒大师唐·皮埃尔·培里侬（Dom Pierre Pérignon），酩悦创建了该香槟品牌，传说唐·培里侬在香槟的酿造研究上发挥了极为重要的作用，他是第一个用红葡萄酿造白葡萄酒的人（现在用红葡萄酿造白葡萄酒已是一种常见的做法，但当时非常少见），也是第一个推行混酿不同年份香槟的人。据说，他偶然发现了葡萄酒的瓶中二次发酵过程，这一过程使得静止葡萄酒产生了气泡，这些气泡让香槟闻名世界。但是，号称是特别发布的唐·培里侬香槟与酩悦批量生产的其他产品差别并不大，只不过是在上市前陈酿时间稍长一些、复杂性更强一些而已，然后装进带有不同标签的、具有怀旧风格的酒瓶中销售。这种在猪嘴上涂口红的策略一直延续到1943年，那时唐·培里侬才真正确立了自己的葡萄酒风格，成为极具差异性的高端香槟品牌。

1921至1943年的酩悦香槟，质量远高于今天全球流行的酩悦香槟。现在，酩悦是全球最大的香槟生产商之一，它优先考虑的是确保产量，确保满足尽可能多的消费者能够买到，而非成为高品质葡萄酒的典范。但值得庆幸的是，酩悦香槟旗下的唐·培里侬品牌成了例外，唐·培里侬香槟是浮华和魅力的象征，是值得在欢庆时刻享用和收藏的高品质香槟。

消失的高迪肖

美国繁荣的"咆哮的 20 年代"以"黑色星期四"结束，这一天纽约证券市场崩溃，这是全球股票市场第一个大崩溃，随后美国进入"大萧条"时代。但大萧条给解除禁酒令带来了一线希望，因为政府再也无法证明执行这一不受欢迎的法律的费用是合理的——此外，每个人都真的需要喝一杯。

玩具推销员埃德温·S. 洛（Edwin S. Lowe）在亚特兰大附近的一次狂欢节上偶然发现了比诺游戏。出于好奇，他把它带回了纽约。他的一位朋友玩了一把获胜后非常兴奋，不小心大喊："Bingo"。于是，"Bingo"这个词儿诞生了。

贝尔电话实验室进行了最早的彩色电视演示，在邮票大小的屏幕上播放美国国旗、一个男人在吃西瓜和一个菠萝的图像。

1929

爱上葡萄酒收藏的好处之一是你有机会品尝不同年份葡萄酒的特殊口味，这种做法与一个赛季又一个赛季地追随你最喜欢的球队没有什么不同。葡萄藤的年龄就像球队里明星球员的表现一样，恶劣天气就像伤病和停赛，让你的成绩一落千丈。当然，酿酒师的角色就如同教练或球队经理，他会用双手把一切因素结合在一起，尽量争取好成绩，酿出优质葡萄酒。再打个比方，刚刚成为亿万富翁的人，可能会关注即将出售球队的老板，很多有钱人也会关注葡萄酒酒庄的收购机会，购买那些心心念念的高品质酒庄。

1929 年，罗曼尼·康帝酒庄（Domaine de la Romanée-Conti，业内简称 DRC）有意从里贝伯爵夫人（Comtesse Liger-Belair）手中收购大片拉塔希（La Tâche）葡萄园。当时，里贝家族拥有这座传奇葡萄园已有一百多年了，但因经济危机冲击，以及伯爵夫人去世，她的 10 个继承人决定卖掉手头的葡萄园。拉塔希葡萄园与沃恩-罗曼尼（Vosne-Romanée）酒村的高迪肖（Les Gaudichots）葡萄园接壤。不用说，里贝家族对其他酒庄使用"拉塔希"来标识其他葡萄酒并没有兴趣。后来，围绕被法律授权使用产区名事宜，争吵、诉讼和戏剧性事件不断上演。1929 年，罗曼尼·康帝酒庄冻结了高迪肖，仅以拉塔希对外销售。再后来，罗曼尼·康帝酒庄成功取得当地政府同意，将高迪肖葡萄园与拉塔希葡萄园合并，统一命名为"拉塔希"园。收购"拉塔希"确实提高了罗曼尼·康帝酒庄葡萄酒的质量，但没有哪一款"拉塔希"葡萄酒能够比 1929 年装瓶的、不会再产的高迪肖更具吸引力。

波特的骄傲

经过 410 天的建设，纽约帝国大厦正式开放。它一直保持着世界最高建筑的称号，直到 1970 年世贸中心北塔的建成才超越了它。

赫伯特·胡佛总统签署了一项法案，将《星光灿烂的旗帜》定为美国国歌。这首歌的旋律源自一首英国饮酒歌。

埃勒里·J. 春（Ellery J. Chun）是一位中国移民的后裔，他大学毕业后返回火奴鲁鲁（檀香山），管理家族的干货店。他注意到当时时尚界色彩缤纷的服装，开始销售用华丽的和服布料剪裁而成的衬衫，并于 1936 年将"阿罗哈衬衫"（aloha shirt）这一名称注册为商标。

1931

尽管波特酒有其地理起源和法定名称，但它更像是一种英国葡萄酒，而不是葡萄牙葡萄酒。17 世纪英法战争期间，法国封锁了对英葡萄酒出口，英国人的葡萄酒供应一下子陷入寒冬。英国人都是酒腻子，为了满足微醺的需要，他们发明了波特酒。波特酒的葡萄是在葡萄牙种植和采收的，葡萄酒是在葡萄牙酿造的，但是得由英国酒商负责销售。英国人对这种味甜且黏稠的液体异常着迷。如果波特酒陈年的时间足够长，它会从一种樱桃糖浆般的液体，变得有点像红茶，并带有微妙的药草香，颜色也会变成茶红色。今天，我们在色深、粗短的瓶子上看到的许多名字都是当时英国人的名字，如沃雷（Warre）、格雷厄姆（Graham）、道（Dow）、泰勒（Taylor）等。这种葡萄酒甚至体现了英国社会的阶级差异——从社会底层的红宝石波特酒到皇家御用的贵族葡萄酒（单一酒庄年份波特酒），等级鲜明、品质差异巨大。

波特酒的不同风格取决于生产商的葡萄酒陈酿时间以及产地。在葡萄牙杜罗河谷，通常的做法是波特酒生产者购买葡萄而不是自己种植，这种做法往往注重数量而不是质量。红宝石波特酒是一种简单的葡萄酒，陈酿时间最短，几乎可以与葡萄牙任何产区的葡萄混合酿造。同时，单一酒庄年份波特酒属于高端葡萄酒，它必须来自特定葡萄园、在特定年份采摘和酿造。因为对原料和品质的极高要求，单一酒庄年份波特酒每十年里大约只有三次酿造机会。

如果有一款波特酒代表了女王伊丽莎白二世在位时的鼎盛时期，那一定是 1931 年的飞鸟园国家年份波特酒（Quinta do Noval Nacional），它可以说是波特酒中的波特酒。我们知道，根瘤蚜摧毁了欧洲几乎所有的葡萄园（见第 12 页），但飞鸟园（Quinta do Noval）的一小块土地却完好无损地幸存下来。这个标志性的国家年份波特酒就是用这片古老的本土葡萄藤酿制而成的。它的名字中的"国家"（Nacional）就是将那些坚韧的百年老藤视作国宝般。

甜如蜜：
甜型葡萄酒

大航海时代，当西方列强在为跨越大西洋航行做各种准备时，每个水手心中却都有一个急切的问题：在百无聊赖的船上，老子喝什么？汹涌的海洋和赤道的炎热无情地把酒都变成了醋，尤其是在储存条件不当、不具备冷藏条件的情况下，这种生物化学反应更是频繁发生（见第 8 页）。所以，远洋航行时所带的美酒在长达数月的时间里持续旅行，它们确实需要具备非常强的抗氧化能力。

加强型葡萄酒，貌似是一个包罗万象的术语，但其实指的是酒精含量高、糖分含量高的葡萄酒。当酒里酒精的含量高到一定程度之后，酵母菌就无法生存，并且任何可能转化为酒精的糖分都会保持原状、维持不变。这就是波特酒、雪利酒等额外加强型葡萄酒保鲜的秘诀。残糖（发酵结束后残留下来的糖分）和第一次发酵后添加的酒精起到了防腐剂的作用，它们从可能污染葡萄酒的生物体中攫取水分，通过这种力量让入侵者变成干尸。这与蜂蜜自古以来就被用作防腐剂的机理相同。1492 年，雪利酒与哥伦布、麦哲伦一起成功航行到美洲，麦哲伦在旅途中特意藏起了一瓶，并让这瓶酒成为第一瓶环游世界的葡萄酒（如果最终还有剩余、没有被全部喝掉的话）。这些甜型葡萄酒不仅不会随着时间的推移而变质，实际上还变得更好。例如，马德拉酒是在摩洛哥海岸附近的葡萄牙殖民地生产的，它与这块殖民地同名。当它传入美国殖民地时，它变得更加好喝、更加柔软了，是这款酒的酿造方法使其几乎坚不可摧。时至今日，您仍然可以相对轻松地找到一瓶 18 世纪的顶级马德拉酒。

甜型葡萄酒在欧洲大陆上也享有很高的地位，因为糖在当时是一种昂贵的奢侈品。贵族款待宾客的最后一款酒大多是匈牙利的托卡伊葡萄酒，这是一种在匈牙利用葡萄藤上风干后被贵腐菌（学名叫灰绿葡萄孢霉菌）感染的葡萄酿制的甜酒。在贵腐菌感染葡萄的过程中，菌群吸收葡萄中的水分，葡萄果粒逐渐变得干瘪，且表皮上形成一层薄薄的黑灰色茸毛。这种真菌是一种自然界存在的腐性寄生物，经常寄生在水果皮上，对人体无害。这样的感染过程不仅能使原本已经很甜的葡萄果实变得更甜，而且产生了让口感更圆滑滋润的甘油，浓缩其风味并增添了生姜和蜂蜜的味道。只有在条件完全合适的幸运年份才会发生这种感染。由此酿出的托卡伊葡萄酒的浓郁甜味使其成为太阳王路易十四口中的"葡萄酒之王，国王之酒"。然而，在接下来的几个世纪里，这些曾经是世界上最重要的餐后酒，变得和诺玛这个名字一样时尚。葡萄酒储存技术得到了改进，使运输和陈年无糖葡萄酒成为可能。其他国家的拙劣模仿也损害了甜型葡萄酒的声誉，而奢侈的定义也在悄然发生改变。随着人们的口味从厚重、奶油味的食物转向清淡、辛辣的菜肴，饮料的味道也不可避免地随之而变。最近，绝望的苏玳生产商与巴黎水合作，在时尚的巴黎酒吧销售甜型葡萄酒，试图重振甜型葡萄酒的地位，但总的来说，它们的黄金时代已经成为过去。

超级暴发户

在世界各地独裁者崛起的浪潮中，阿道夫·希特勒宣布自己为德国元首。

《每日邮报》刊登了一张尼斯湖水怪的照片，作为其存在的"证据"。

哈莱姆区的阿波罗剧院在反滑稽剧运动中关闭后重新开放。它举办了第一次"业余之夜"比赛。

1934

第一次世界大战结束后，葡萄酒进入繁荣时期，这标志着除波特酒、香槟和波尔多酒以外的优质葡萄酒时代开始了。然而，有一个地方却没能繁荣起来，那就是美国。从 1920 年到 1933 年，美国一直受到禁酒令的不利影响。在此期间，美国的葡萄园依靠向教堂出售圣酒、自酿酒酒具（仅面向男性）为生，当然，也把"盗版果汁"卖给愿意承担风险的人。1933 年底，禁酒令宣告结束，少数幸存下来的加利福尼亚州酒庄，如伊哥诺（Inglenook）、查尔斯·库克（Charles Krug）、璞立（Beaulieu）和贝灵哲（Beringer）等酒庄，早已今非昔比了。1934 年，是美国禁酒令解除后的第一个年份，虽然味道一般，但有酒喝总比没有酒喝好。十四年来，加利福尼亚的葡萄酒生产商首次有了发展机会，不过，他们还需要应对大规模的经济衰退。

与此同时，法国的罗曼尼·康帝酒庄推出了勃艮第有史以来最好的葡萄酒之一，1934 年份的里奇堡老藤葡萄酒（Richebourg Vieux Cépages）。总体而言，罗曼尼·康帝的葡萄酒就像昆西·琼斯（Quincy Jones）的唱片一样，其获得的荣誉无人可望其项背，稍微熟悉葡萄酒的人都对其极为推崇。1934 年罗曼尼·康帝只生产了一百多瓶里奇堡老藤葡萄酒，虽然少，但这些酒在葡萄酒界却是无与伦比的。虽然里奇堡园总是被更著名的罗曼尼·康帝园和拉塔希的光芒掩盖，但是在根瘤蚜虫灾害之中后者已经被重新种植，里奇堡园幸存下来的葡萄老藤却是独一无二的。葡萄老藤酿制的葡萄酒比现在新砧木葡萄酒颜色更深、味道更佳、更加细腻。1934 年，罗曼尼·康帝酒庄将这些老藤葡萄单独酿酒、单独装瓶，这款闻名世界的葡萄酒登上了历史的舞台。

伤害:
禁酒令的影响

在禁酒令执行期间,大量的美国人可能会冒着被抓的风险喝得酩酊大醉。但等到禁酒令结束时,人们才发现,它对美国葡萄酒行业的影响实在是太深远了,以至于美国人忘记了如何喝酒!在禁酒令之前,美国的饮酒文化可以与欧洲相媲美,美国人每顿饭都要喝点酒,工厂甚至还会明确规定饮用烈酒的具体时间。葡萄酒业在美国西海岸一直在蓬勃发展。西班牙传教士需要圣餐酒,他们从旧世界采集了大量葡萄藤,并在迁移的过程中将它们种植在美洲各地。耐寒、抗旱的传教葡萄,慢慢被越来越多的人知晓,成为美国西南部的理想之选。

但随着美国宪法第十八号修正案《伏尔斯泰得法案》的生效,这一切都发生了变化,根据这项法律规定,凡是制造、运输乃至售卖酒精含量超过 0.5% 的饮料皆属违法。自己在家里喝酒不算犯法,但与朋友共饮或举行酒宴则属违法。惊慌失措的酿酒师们拼命想办法生存。有些人试图将酿酒葡萄转化为鲜食葡萄或果酱,有些人毁掉了葡萄园,重新种植牛油果和核桃。酒厂纷纷关门。曾是美国第二大葡萄酒生产州的密苏里州,几乎所有酿酒厂都停业了。

但禁酒令也存在一些漏洞,很多生产者因为这些漏洞而幸存下来。

贝灵哲(Beringer)为家庭 DIY 葡萄酒生产了脱水葡萄砖;乔治·德·拉图尔(Georges de Latour)发现宗教仪式可以合法使用葡萄酒,比如天主教和美国圣公会的圣餐上,葡萄酒并没有被禁止;还有一些人利用了酒精在医用领域的许可,变相倒腾葡萄酒。当然最后一项很难保证 100% 成功,稍有不慎就有入狱的风险。于是,数百万英亩的本土和传教葡萄被砍伐,转而种植阿利坎特·布塞特(Alicante Bouchet),这是一种果肉呈红色的葡萄,其汁液颜色深,几乎呈紫黑色。它非常适合做成葡萄砖,然后用水稀释并加糖,(与之前的葡萄相比)等量的阿利坎特葡萄可以酿造出双倍量的葡萄酒。可惜是两倍量的劣质葡萄酒。

因此，当禁酒令结束，每个人都可以再次合法饮酒时，已经没有人愿意碰葡萄酒了。有朗姆酒和波本威士忌时，为什么还去喝浓烈难闻的酒精果汁？当美国人真的再次愿意喝葡萄酒的时候，他们只想喝那些甜得令人头晕目眩的东西。直到第二次世界大战期间，美国士兵被派到欧洲战场并了解了欧洲人的生活方式，才知道什么样的酒才是好喝的酒。当他们返回家乡的时候，他们想起原来还有更好的葡萄酒。真正的葡萄酒复兴之火又星星点点地燃烧起来。总的来说，直到20世纪60年代末，美国人才对干红葡萄酒产生兴趣，这很好，因为葡萄酒生产者花了几十年的时间才消除了阿利坎特葡萄的危害，重新种植了世界流行的酿酒葡萄品种。

比料酒更好

1937

1937 年是第二次世界大战之前欧洲最后一个伟大年份。自那一年开始,20 世纪的葡萄酒业乃至整个人类社会都将发生重大转变。1938 年天气比较恶劣。1939 年,在大多数的葡萄园开始采摘之前,战争爆发了。1937 年对于勃艮第是不寻常的一年,天气非常理想,风调雨顺,从新酒上市时就可以看出,这一年的葡萄酒酒体强劲,结构复杂,具有数十年的陈年潜力。

20 世纪 30 年代的勃艮第酿酒师后来大多都成了超级巨星。乔治·鲁米(Georges Roumier)、雷内·恩格尔(René Engel)、亨利·古热(Henri Gouges)和安杰维勒侯爵(Marquis d'Angerville)等传奇人物当时都正处于职业生涯的早期阶段。这些年轻人打破了以低价大量销售葡萄酒(无论质量好坏)的普遍做法。如果他们的葡萄质量不是最好的,或者发酵过程中出现问题,他们根本就不会卖酒。在当时,这种关心品质、关注细节和牺牲经济效益的做法是罕见的。相反,造假卖假和散酒销售却是主流。

米歇尔·拉法基(Michel Lafarge)就是那些有眼光的年轻酿酒师之一。1926 年,尽管那年的收成极佳,但他由于缺乏经验,最终惨遭失败。拉法基为了避免危及家族酒庄的声誉,没有将葡萄酒出售,而是将每一瓶酒都倒进了锅里,炖了一锅咕咕霍夫鸡(红酒炖鸡)。1934 年,米歇尔终于酿制出了一款他认为配得上家族姓氏的葡萄酒。三年后,他酿制的 1937 年份葡萄酒取得了不可思议的成就,成为酒庄有史以来最伟大的葡萄酒之一,并被载入史册。尽管拉法基于 1940 年去世,但他对质朴、经典葡萄酒的传承一直延续至今。拉法基葡萄酒当时没有追逐潮流,现在也没有。

加利福尼亚
第一颗明星

第二次世界大战开始后的第二年，德国轰炸机开始了对英国城镇的空袭行动，即"闪电战"。

位于佐治亚州亚特兰大市郊的奥格尔索普大学封存了一个 2000 平方英尺的时间胶囊。这个被命名为"文明的地窖计划"（Crypt of Civilization）计划于 8113 年开启。里面装有书籍、一辆玩具 Greyhound 巴士，以及大力水手和一位养猪冠军的录音。虽然没有葡萄酒，但里面有一个酒杯。

墨西哥作曲家康苏埃洛·委拉斯开兹（Consuelo Velázquez）创作的《深情的吻》首次录制。它后来成为有史以来被翻唱次数最多的西班牙歌曲之一。

1940

在禁酒令结束之后、第二次世界大战即将爆发之前，纳帕谷璞立酒庄的主人乔治·德·拉图尔前往法国。他的目标很简单：通过酿造更好的葡萄酒，让酒庄从禁酒令的毁灭性打击中恢复过来。他寻求了受过法国培训的俄罗斯难民安德烈·切利斯特切夫（André Tchelistcheff）的帮助，后者在乔治到访后，于 1938 年举家迁至纳帕谷。切利斯切夫一到那里，就品尝了一瓶拉图尔的"私人珍藏"酒，这种酒通常只供家族内部饮用。切利斯切夫给出的第一条建议就是：不管那是什么，都要多酿一些。

1940 年，在切利斯特切夫的指导下，拉图尔做了大量技术改进，首次发布了面向市场销售的私人珍藏酒款。这一酒款及其生产过程中采用的新技术（包括控制发酵过程中的温度）为纳帕谷乃至整个美国葡萄酒业树立了新的标杆。切利斯切夫彻底改变了美国葡萄酒行业。从那时起，加州葡萄酒就走上了一条上升之路。1969 年璞立酒庄被一家集团收购，随后其产品质量迅速下降。后来，璞立酒庄又多次被收购和转售，因此，该酒庄的葡萄酒唯一值得称道的时期就是 1940 年至 1968 年那段不平凡的岁月。

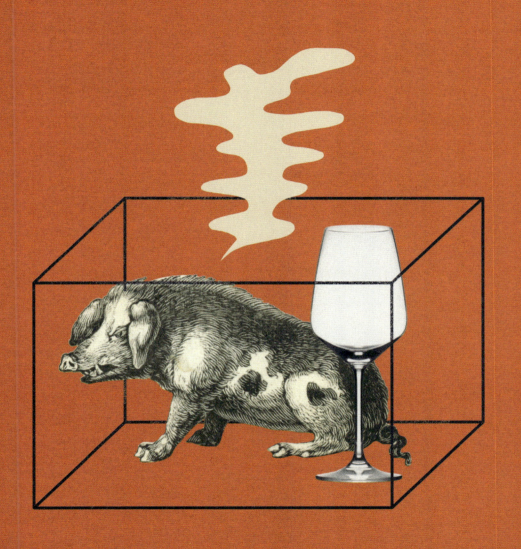

Part Two

Generation Old School (Postwar to 1989)

第二部分

老派一代 （"二战"后至 1989 年）

毫无疑问，第二次世界大战是一场巨大的悲剧。战后，葡萄酒生产者普遍认为，在那六年里，他们的领域取得了进步。首先，农民们获得了汽油，电力机械、农药和化肥等技术进步了，这些都在一定程度上缓解了农业面临的挑战。全球贸易路线得到优化，加之像罗伯特·查德登（Robert Chadderdon）、贝基·沃瑟曼（Becky Wasserman）、克米特·林奇（Kermit Lynch）和莱昂纳多·洛卡西奥（Leonardo LoCascio）这样具有开创性的美国进口商的崛起，世界各地的大量手工艺品也随之而来，其中就包括小型生产商酿造的葡萄酒。进口市场的不断扩大，加上消费者对各地风味日益增长的好奇心，使得葡萄酒作为一种技术产品和奢侈品受到了关注。人们开始品尝除本地葡萄酒以外的其他酒款，"外出就餐"的概念也流行起来，这意味着更多高品质的葡萄酒出现在了更多的餐桌上。

战后，大多数葡萄酒生产者仍然具有双重角色，他们既是农民又是酿酒师。这一代人成为第一批成功实施有机种植和生物动力法耕作的人。同时，他们也在很大程度上传承了前辈们的酿酒技术。因为不断尝试新的耕作技术，更加密切地关注技术对风土的影响，许多地区的酿酒厂开始获得新的尊重。在意大利、勃艮第和加利福尼亚等地区，第一批明星酿酒师崭露头角。今天，那个时期的葡萄酒更加珍贵，因为它再也无法复制了。这些杰出的战后酿酒师没有面临 20 世纪葡萄酒酿造所面临的最大挑战：气候变化。

六百分之一

青霉素真是神奇的霉菌汁，它是战场游戏的改变者，它挽救了太多之前不可能治愈的人。等到足够多的青霉素被生产出来后，普通的美国人终于可以在街角的药房买到它了。

第二次世界大战结束了，美国政府引进88名德国科学家来帮助美国实施国家火箭计划，这些科学家的背景调查已经不是优先考虑的事情了。

密歇根州大急流城成为美国第一个对饮用水进行氟化处理的城市，龋齿率很快下降了60%。

1945

就像暴风雨后的阳光，1945年，"二战"结束的这一年，是法国历史上最伟大的葡萄酒年份之一。抛开隐喻不说，1945年的阳光确实非常充足，尤其是与1944年和1946年多雨多云的天气相比。简而言之，在那个时代，顶级的年份都是天气最温暖的年份（全球变暖之前，温暖的天气总是一件好事。）阳光明媚的季节赋予了葡萄足够的糖分，使其从酸涩变得醇厚，而炎热的年份则产出了更多这样的高含糖量的葡萄，从而酿造出更多的葡萄酒，带来更多的收入，也给了人们庆祝的理由。虽然那一年的许多葡萄酒都非常出色，但其中一款的名声超过了其他酒：来自罗曼尼·康帝葡萄园的1945年罗曼尼·康帝酒庄葡萄酒。这款酒对于葡萄酒历史的重要性，有点像艾瑞莎·富兰克林（Aretha Franklin）和披头士乐队（the Beatles）对于音乐历史的重要性一样。《尊重》（Respect）和《我想握住你的手》（I Want to Hold Your Hand）将永远流传，而这款葡萄酒也将永远受到每一位鉴赏家的赞赏（即使大多数人，包括本书的作者，都从未品尝过它）。

酿造这款酒的葡萄来自那些罕见而神奇的"幸存者"：原始的、未受根瘤蚜虫侵害的法国根系上的葡萄藤。但这时，这些老藤结的果实已经非常少了。1945年，葡萄园只生产了六百瓶酒，而正常年份的产量是这个数字的十倍。这款酒当然非常出色，但它的稀缺性也是它如此珍贵的原因之一。1945年之后，由于产量极低，这些葡萄藤被连根拔起，并使用另一种砧木重新种植，新葡萄园直到1952年才酿造出下一批佳酿。

考虑到1945年的理想天气，罗曼尼·康帝并不是唯一杰出的葡萄酒，这就不足为奇了。例如，在波尔多，人们庆祝收获了风味浓郁的葡萄，并称赞这个年份的酒具有长期陈年的潜力（见第50页）。这些预测并没有错。如今，来自顶级酒庄的1945年波尔多葡萄酒仍然新鲜且充满活力。这些传奇的葡萄酒兼具丝滑和耐嚼的口感，散发着烟草、香料和苦巧克力的经典香气。

事实上，1945年是波尔多地区长久辉煌的开始。许多人认为，它是木桐·罗斯柴尔德（Mouton Rothschild）、奥比昂（Haut-Brion）和柏图斯（Petrus）等酒庄的最好年份，但1945年真的比1947年、1949年、1953年或1959年更好吗？这很难说。在波尔多那些标志性的"战后"年份中，任何一款酒都不会让人失望。

年龄只是
一个数字：
老酒

陈年佳酿就像一杯茶，有时带有一丝草药味，有时甚至带有辛辣味。这些泥土味、花香味、皮革味、雪茄味——包括后天陈酿产生的口味，如干草味、矿石味和蘑菇味——被称为葡萄酒的第三类风味，随着时间的推移，当葡萄酒的第一类风味（水果味、果酱味）和第二类风味（橡木味、黄油味）逐渐减弱时，这些第三类风味就会显现出来。例如，一款在年轻时呈现丰富果香的优质勃艮第葡萄酒，在成熟巅峰时可能会呈现出花香和咸鲜味。

幸运的是，葡萄酒达到巅峰状态后并不会第二天就急转直下。葡萄酒的完美状态——最佳的复杂度、理想的口感、令人愉悦的柔和单宁和平衡的酸度——是在一个平缓的弧度中达到的，而且值得庆幸的是，它也会以同样缓慢的方式逐渐衰退。科茨成熟定律（Coates' Law of Maturity）指出，葡萄酒保持理想状态的时间与它达到该状态所需的时间相同。然而，找出特定年份葡萄酒的巅峰时期更像是一门艺术，而非科学，而且这一时期的开始很大程度上取决于个人喜好。例如，英国人历来更喜欢陈年的香槟——气泡更少，奶油味更浓，而法国人则喜欢像莱昂纳多·迪卡普里奥的女朋友那样的香槟：年轻、貌美、大长腿。

（还值得注意的是，有些葡萄酒在以果香为主的年轻时期和达到成熟巅峰的时间旅程中，某段时间里味道可能会很糟糕，这被称为葡萄酒的"沉默期"。每一款葡萄酒，多多少少都会经历这样的一段尴尬时刻。）

经过了成熟巅峰时期，葡萄酒就开始进入下坡弧线。年轻时的葡萄酒，因为单宁太多，显得生涩，饮用时存在明确的、涩涩的干燥感，但过度陈年会损失大量单宁，又导致葡萄酒缺乏结构。太老的葡萄酒味道毫无生气、枯燥乏味。陈年不良和变质葡萄酒的味道可以是伍斯特沙司味，也可能是醋味，或者湿狗的刺鼻味。

右岸翻身

在统治印度近一百年后，英国终于同意其独立。

牧场主 W. W. 布拉泽尔（W. W. Brazel）报告说，一个神秘的"飞碟"坠毁在他的牧场上。第二天，军方公关部官员证实，军队成功回收了飞碟残骸。但很快，军方否认了此事，并声明根本没有飞碟这回事。

查克·叶格（Chuck Yeager）成为第一个正式打破音障的人。他其实并不被允许告诉别人，因为，你懂的，这是国家机密。毕竟，这一年是冷战开始的一年。

1947

作为一个葡萄酒的年份，1947 年声名狼藉，以至于法国高雪维尔（法国阿尔卑斯山区的一个度假胜地）的一家米其林三星级餐厅以该年份为名，并以此为灵感进行经营。这家餐厅位于一家五星级酒店内，餐厅的名字就叫"Le 1947"，而这家酒店就是大名鼎鼎的、滑雪和葡萄酒爱好者必须打卡的"白马酒庄"（Cheval Blanc）酒店。不用说，白马酒庄的 1947 年，就是本篇的主角，一个不言而喻的奢华葡萄酒典范。

说起白马酒庄，绝大多数时候对于大多数人来说，并不会联想到羊绒、皮草、皮革等高级材料装饰的房间，新熨烫的床单和精致的美食。白马酒庄，首先是一座著名的波尔多酒庄，位于波尔多右岸知名产区圣埃美隆小镇。在 20 世纪 20 年代，白马酒庄也曾经酿出一些非常成功的年份葡萄酒。但直到 1947 年，白马酒庄才真正走上酒之巅峰。波尔多左岸有一些传奇酒庄，比如拉菲、拉图（Latour）、玛歌和木桐，这些酒庄种植的葡萄品种主要是赤霞珠。左岸之所以叫左岸是因为这些产区位于法国著名河流加龙河的左边，圣埃美隆之所以被称为右岸产区是因为其位于另一条大河多尔多涅河的右边。右岸产区种植的葡萄品种主要以美乐（Merlot）和品丽珠（Cabernet Franc）为主，以美乐为主的葡萄酒不像赤霞珠那么强劲。在左岸闻名世界的时候，右岸一直默默无闻，并没有像左岸诞生了拉菲那样的葡萄酒领袖。于是，很多人认为右岸是劣等产区，右岸的葡萄酒上不了台面。

1947 年，即使是最自命不凡的左岸葡萄酒爱好者也无法忽略一件事，那就是天气。当年的夏季异常炎热干燥，直至采收期时，葡萄园仍被阵阵热浪覆盖，白马酒庄的葡萄获得了前所未有的糖度。面对这种情况，波尔多的酒庄们纷纷犯起了难，如此高的含糖量，加上发酵季节的高温，意味着极难掌控的发酵进程，白马酒庄的 1947 成为大自然的一个美丽意外，白马酒庄酿出了一款精致、有力的葡萄酒，一款被公认为最伟大的葡萄酒，一个无法复制的传奇。右岸的白马酒庄，成为可以媲美左岸拉菲们的英雄。

更大不等于更好

1949

勃艮第卢米酒庄的故事是从不务正业、勤于副业开始的，就相当于莫扎特为了赚外快兼职做婚礼 DJ。乔治·卢米（Georges Roumier）被认为是 20 世纪勃艮第最伟大的酿酒师之一，但在成名之前，他只是武戈伯爵酒庄（Domaine Comte Georges de Vogüé）的一名酿酒师，从 20 世纪 20 年代一直工作到 1955 年。武戈伯爵酒庄不论名气还是规模都比卢米酒庄大得多。卢米在武戈伯爵酒庄供职期间，他用酒庄最好的慕西尼特级园（Grand Cru of Musigny）的葡萄酿出了一款葡萄酒——1949 年份酒。武戈伯爵的 1949 年份慕西尼特级园酒，以其非凡的丰富度和集中度一炮而红，也成就了卢米的慕西尼大师的名声，其在勃艮第酒圈的地位更加巩固。当时，酿酒师和土地所有者以自己的名字和标签销售葡萄酒还处于起步阶段，这种小规模、更直接的"从农场到餐桌"的销售方式存在财务风险，大多数人都无法承受。但当乔治·卢米自立门户时，他在武戈伯爵酒庄的得意之作所带来的口碑和荣耀，足以支撑其未来几代人以自己的标签销售葡萄酒。

在勃艮第所有的葡萄园中，慕西尼特级园比其他任何葡萄园的酒都更能体现黑皮诺（Pinot Noir）精致而微妙的风味，它能轻松跻身整个地区的前五名。但与一些同级别的葡萄园——例如拉塔希和罗曼尼·康帝——不同，慕西尼由 10 位所有者共同拥有。如今，武戈伯爵酒庄仍然拥有慕西尼近 70% 的份额，而卢米酒庄仅拥有约 1%。卢米酒庄的份额每年仅能生产约 350 瓶葡萄酒。尽管武戈伯爵酒庄因其庞大的份额而成为慕西尼的代名词，但卢米酒庄却是其最佳葡萄酒的来源，并被视为顶级品质的象征。

这一时期的大多数伟大年份之所以被认为伟大，是因为它们的力量感和复杂性。但并非所有伟大的葡萄酒都必须是"大"酒（酒精度高、酒体厚），勃艮第和波尔多的 1949 年份证明了这一点。从各方面来看，那一年大部分时间都很温暖，但 9 月的降雨导致葡萄中的糖分含量下降，从而生产出酒精含量较低的葡萄酒。木桐·罗斯柴尔德酒庄的 1949 年份酒被认为是 20 世纪最好的木桐酒，酒精度却只有 10.7%。而葡萄酒的平均酒精度大概是 12.5%，相比之下，最近广受好评的木桐 2016 年份酒，酒精度达到了 13.5%。通常来说，酒精度高意味着酒体浓郁、陈年潜力高，也意味着感知价值优秀。但 1949 年份的细腻和卓越演变证明了这一观点并不准确。

澳大利亚的
首张专辑

在墨西哥城，卡尔·杰拉西（Carl Djerassi）、路易斯·米拉蒙特斯（Luis Miramontes）和乔治·罗森克兰兹（George Rosenkranz）成功开发出合成黄体酮。黄体酮最初是为了防止流产而诞生，后来成为避孕药的关键成分。

亨丽塔·拉克斯（Henrietta Lacks）因癌症在马里兰州巴尔的摩去世。在未经她同意、其家人不知情的情况下，她的细胞被培养用于研究。有人估计，如果将她的细胞系中生长出的所有细胞都放在天平上称重，它们的重量将达到 5000 万吨。

1945 年联合国成立。最初联合国把美国纽约长岛的成功湖设为临时办公地点，后来联合国总部的地址选在纽约市曼哈顿区东侧，并再也没有变过。

1951

1951 年之前，澳大利亚葡萄酒并没有太多值得讨论的地方。公正地说，这个时期除法国以外，世界上几乎所有葡萄酒产区都是如此。1950 年，这一切都发生了变化，当时奔富（Penfolds）的酿酒师麦克斯·舒伯特（Max Schubert）前往欧洲旅行，在欧洲葡萄酒的刺激之下，麦克斯·舒伯特酿造了属于自己的可陈年和窖藏的葡萄酒。返回澳大利亚后，麦克斯·舒伯特决定采用他在拉图酒庄、拉菲酒庄和玛歌酒庄等波尔多学到的酿酒技术和葡萄园管理方法，来经营自己的葡萄酒。

与美国的情况一样，澳大利亚的葡萄园种植的都是法国葡萄品种，采用法国工艺酿制。在澳大利亚，他们用另一个名字"设拉子"（Shiraz）来称呼西拉（Syrah），实际上没有任何原因，只是为了将其与法国种植的葡萄区分开来。西拉酿造的葡萄酒总是颜色深沉、味道浓郁，但在干燥炎热的南澳大利亚州，它的酒体特别浓郁，颜色接近黑色。

这趟改变了他的生活，也改变了整个行业的旅行结束的第二年，麦克斯·舒伯特凭借掌握的新知识，装瓶了第一批澳大利亚葡萄酒——葛兰许（Grange），它后来成为可以比肩拉图、拉菲和玛歌等的澳大利亚葡萄酒品牌，它是名副其实的澳大利亚之王。麦克斯·舒伯特从很多葡萄园中挑选完全成熟的设拉子，酿出了颜色深邃、结构紧致的红葡萄酒，这样的葛兰许为澳大利亚红葡萄酒树立了标杆。时至今日，大而厚重的设拉子仍然是澳大利亚红葡萄酒的标志。

使命肩负者

在亚拉巴马州蒙哥马利的一辆公交车上，15岁的克劳黛特·科尔文（Claudette Colvin）拒绝给白人乘客让座，九个月前罗莎·帕克斯（Rosa Parks）也这么做了。克劳黛特被白人乘客从公共汽车上拖下来并被警察带走。

奶昔搅拌机销售员雷·克罗克（Ray Kroc）关注并调研了一家来自南加州的餐厅，它由麦当劳兄弟经营，这家餐厅太受欢迎了，门庭若市。于是，他开了第一家麦当劳特许经营店。

年初，埃尔维斯·普雷斯利（Elvis Presley）在得克萨斯州和密西西比州的高中礼堂演奏。到年底，他就成了音乐界最耀眼的新星。

1955

就像很多童星一样，很多葡萄酒呱呱坠地时让人充满了希望，市场炒作也甚嚣尘上，但随着年龄的增长，其表现却令人失望。但也有一些最初被认为"相当不错"的葡萄酒，最终发展成为非凡之作。荣获"女大十八变"第一称号的葡萄酒可能是 1955 年份的美讯·奥比昂（La Mission Haut-Brion）。不知道从什么时候起，它缓慢地、悄悄地、最终令人印象深刻地超越了同行。正如著名葡萄酒评论家罗伯特·帕克（Robert Parker）曾经说过的那样："即使考虑到美讯·奥比昂和木桐·罗斯柴尔德的卓越品质，1955 年的美讯·奥比昂仍然是该年份的佳酿。"

那么，为什么酒上市时没有烟火呢？缺乏颂赞当然与其味道或结构无关。简而言之，美讯·奥比昂并非来自波尔多更知名的梅多克产区，而是来自格拉夫产区。如果梅多克是莎士比亚，那么格拉夫就是贝克特。或者换个比喻，假如梅多克是阿黛尔，那么格拉夫就是格莱姆斯（马斯克前女友）。其实，并不是格拉夫不够好，只是没有梅多克出名早。在接下来的几十年里，人们逐渐清楚地认识到格拉夫确实拥有挑战梅多克的潜力，有出产世界级优质葡萄酒的潜力，这里有美讯·奥比昂和它的邻居奥比昂酒庄（Château Haut-Brion）（见第 123 页），它们就像一对孪生兄弟。

巴托罗的功绩

1958

"二战"之后，法国优质葡萄酒的产量迅速反弹，但意大利却是另一番景象，酿酒师们花了十多年的时间才从为当地餐馆生产佐餐酒转向关注质量和细节。意大利人总是吭哧吭哧地在葡萄园里劳作，却只能勉强糊口，他们酿造的大部分葡萄酒仅供个人和家庭消费。即使像巴罗洛这样如今的顶级产区，酿酒也不是为了获得国际荣誉或推销给葡萄酒收藏家。因此，大多数20世纪50年代以及更老的巴罗洛酒都没有得到妥善储存，留给我们一堆变了质的葡萄酒，这些酒到底是怎么陈年的，已无从查起，找不到多少有用的资料。今天，能找到的最古老、稳定的顶级年份酒是1958年的，而这一年最出色的年份酒之一出自卡迪那·马斯卡雷洛（Cantina Mascarello）酒庄。1958年，马斯卡雷洛酒庄的葡萄酒（现在的商标为巴托罗·马斯卡雷洛"Bartolo Mascarello"）被装进了各种大小和形状的容器出售给当地的经纪人。当时，一种大肚玻璃瓶（有的被藤条包裹）被当作葡萄酒容器反复使用，它对酒庄满足城镇周边的葡萄酒需求至关重要，今天这玩意儿只能用来装饰露台或者当作花瓶。当地的每家餐馆都会买上一个，酒庄把"大肚子"送来，餐馆老板再把酒分装到更小的瓶子里，然后把"大肚子"送回酒庄重新装满葡萄酒，就像你从当地的啤酒厂去买散装啤酒。

我们今天所熟知的常规750毫升瓶，以及非常少见的1.9升瓶的葡萄酒，都可以直接从酒庄购买。如今，那些稀奇古怪的玻璃瓶已因尺寸标准化而绝迹，但它们在历史上却流行了数十年。它们有着不同的标签，但里面的酒总是一样的，值得注意的是，那酒是相当的好。一些瓶子的酒标上清晰地印着卡努比园（Cannubi），因为这是当时最著名的葡萄园，也是巴托罗混酿的一小部分葡萄酒。还有一些酒标上印有珍藏款（Riserva），好像在半遮半掩地告诉顾客这是限量发售。但更多的只是在酒庄名的旁边写着"巴罗洛"。如今再也找不到这些令人垂涎欲滴的葡萄酒了，而当时酒庄为了销售它们却绞尽脑汁，现在看来有些讽刺。

如今，马斯卡雷洛酒庄由玛利亚·特蕾莎·马斯卡雷洛（Maria Teresa Mascarello）经营，她的父亲巴托罗（Bartolo）从20世纪60年代巴罗洛的黄金岁月起一直掌舵家族遗产到今天。尽管巴托罗从未将自己的作品视为蓝筹牛股，但却被他的粉丝藏家们争相持有。巴托罗再也回不到在餐馆中毫无顾忌地被肆意消费的时代了。

陈年之道：
瓶子尺寸

也许你只在葡萄酒商店的橱窗里、滴着蜡油的高级餐厅里或一级方程式赛车比赛冠军的手中见过大瓶装葡萄酒，但大瓶装葡萄酒的存在可不仅仅是为了展示。

我们一般常见的葡萄酒瓶的规格是 750 毫升装，这种酒瓶又被称为标准瓶，这个容量的葡萄酒按西餐的宴请标准，刚好可以倒五杯。大瓶装的容量是标准瓶的 2 倍到 40 倍。1.5 升装是大瓶装的入门款，容量是标准瓶的两倍，也就是 2 瓶装。再大一点，还有 6 瓶装、12 瓶装和 20 瓶装等。这些不同规格的瓶型都有自己的专属名字，而且你会发现大多数都是以《圣经·旧约》中的国王的名字命名的。2 瓶装叫马格南（Magnum），源自拉丁语"Magnus"一词，意为"较大的"；6 瓶装叫耶罗波安（Jeroboam），源自《圣经》中以色列王国的第一个国王的名字；12 瓶装叫萨尔马那撒（Salmanazar），它是亚述国王的名字；20 瓶装叫尼布甲尼撒（Nebuchadnezzer），尼布甲尼撒是古巴比伦伟大的统治者之一，空中花园的缔造者。如果你打开一瓶尼布甲尼撒，证明你确实财力雄厚，"豪气"足以载入史册。事实上，大瓶葡萄酒的陈年时间可以更长、葡萄酒老化的速度更慢。

为了理解其中的原因，我们必须深入做一些科学研究。当氧气慢慢改变葡萄酒的化学成分时，任何葡萄酒的风味都会发生变化。无论瓶子多大、多小或是什么形状，酒瓶的脖子处总会残留一部分空气、葡萄酒液面处会与空气中的氧气相互作用，日积月累就会慢慢发生变化。与空气接触的葡萄酒的量，与瓶中葡萄酒总量的比例越小，葡萄酒老化的速度就越慢。想象一下两个游泳池，长宽相同，但其中一个比另一个深得多。你在更深的池子里，可以潜得更深，但两个泳池中可供你上浮呼吸的空气是相同的，你能吸到的空气量也相同。相比之下，随你的身体进入更深的水池中的空气的占比就小得多了。那个更深的水池就相当于是一个更大规格的"马格南"。酒瓶颈部尺寸相同，酒的体积是标准瓶的两倍，这意味着相同的氧气量被更大容量的葡萄酒稀释。不管是哪个年份，任何较大规格的葡萄酒都会比标准瓶尝起来更新鲜、更年轻。相反，半瓶装的葡萄酒（375 毫升容量）根本不利于陈年，这也是为什么许多酒庄不再生产这种葡萄酒的原因。

宫廷盛宴上的常客

摩城唱片诞生于美国汽车城底特律，由非洲裔美国人巴瑞·戈迪（Berry Gordy Jr）创建。摩城唱片用至高无上（Supremes）女子组合、史蒂夫·旺德（Stevie Wonder）以及杰克逊五兄弟（Jackson 5）定义了一个时代的声音。

菲德尔·卡斯特罗（Fidel Castro）宣誓就任古巴总理，并称这份工作是"我一生中最严峻的考验"。

阿拉斯加成为美国第 49 个州。92 年前，美国从俄罗斯手中购买了这片领土，当时，这是一个备受嘲笑的决定，阿拉斯加被笑称为"安德鲁·约翰逊的北极熊花园"。

1959

如果把唐·培里依的桃红葡萄酒与天使之音桃红葡萄酒进行比较，就相当于将《公民凯恩》与《空中大灌篮 2》进行比较（《公民凯恩》是一部纪传体影片，在美国电影学会评出的"百年百大电影"中高居榜首；《空中大灌篮 2》是 NBA 篮球巨星詹姆斯主演的电影，豆瓣评分 5.5）。其中一个是永恒的经典；而另一个虽然也有消费价值，但客观上讲它可能很糟糕。1959 年，唐·培里依历史上的第一次小批量葡萄酒酿造了桃红香槟。传说，这款极品香槟几乎都没有离开酒庄，只有几瓶酒曾出现在伊朗国王组织的纪念波斯帝国诞生 2500 周年庆祝活动上。如果要找出一款桃红葡萄酒参加如此重要的庆典，而且恰好能与波斯美食完美搭配的话，那肯定就是这款桃红葡萄酒了。这款桃红葡萄酒由黑皮诺和莫尼耶皮诺两种红葡萄酿制而成，然后与白葡萄霞多丽混合，最后酿成的桃红葡萄酒酒体饱满、结构深邃、非常耐陈年。这瓶 1959 年的葡萄酒也非常适合用于 2600 周年庆祝活动。

除了这款有史以来最伟大的桃红葡萄酒，勃艮第产区热夫雷香贝丹村（Gevrey-Chambertin）的阿曼·卢梭酒庄出产的酒也是当年的最佳年份酒之一。1959 年，阿曼·卢梭酒庄的创始人阿曼·卢梭（Armand Rousseau）在一场车祸中不幸去世，他的儿子查尔斯·卢梭（Charles Rousseau）临危受命，在悲痛中接过父亲的衣钵，继续家族的葡萄酒事业。也可能是老卢梭在天之灵保佑，当年的天气对查尔斯极为有利。秋天到来，一切都恰到好处，查尔斯按计划启动了葡萄采收。与唐·培里依的桃红葡萄酒类似，查尔斯的黑皮诺用来酿造优质葡萄酒似乎也毫不费力。就像是让 - 吕克·戈达尔（Jean-Luc Godard）和基里安·姆巴佩（Kylian Mbappé）在电影和足球上的贡献，1959 年份的阿曼卢梭酒庄圣雅克一级园（Clos Saint-Jacques）是法国最佳葡萄酒的代表。虽然从技术上讲，圣雅克园在勃艮第的质量等级中并不是最高等级，但它酿出的是勃艮第最复杂、最独特的葡萄酒之一。热夫雷 - 香贝丹村（Gevrey-Chambertin）的葡萄酒被错误地定型为勃艮第大而强劲的黑皮诺酒，但卢梭酒庄圣雅克园的酒清楚地反驳了这一观点。1959 年份的阿曼卢梭圣雅克园酒是一款媲美唐·培里依的桃红葡萄酒，也是一款极为纯粹的葡萄酒。

香槟和勃艮第都是葡萄酒中的贵族，是宫廷盛宴上的常客，但在 1959 年，另一颗不具有贵族血统的新星冉冉升起，它就是黎巴嫩葡萄酒。黎巴嫩葡萄酒的历史非常悠久，其最知名的葡萄酒来自穆萨酒庄（Chateau

Musar），穆萨酒庄的成就要归功于塞吉·霍切尔（Serge Hochar）。1959 年，塞吉·霍切尔接管了他父亲的酒庄。在此之前，塞吉·霍切尔在波尔多学会了酿酒，他将波尔多的经验运用到家乡贝卡谷地，并在那里种植波尔多葡萄品种。于是，一款令人震惊的葡萄酒诞生，塞吉·霍切尔的葡萄酒颜色浅淡但味道浓郁，陈年能力与任何顶级波尔多或勃艮第葡萄酒不相上下。

更好的日子

1961

1961 年，又是一年好光景，几乎所有产区的葡萄酒质量都很高。这一年，波尔多、勃艮第、香槟，全部实现了大丰收，意大利的巴罗洛不仅收获了一个伟大的年份，也是两位可敬而又谦逊的酿酒师谱写新篇章的开始。普鲁诺托（Prunotto）酒庄和维埃蒂（Vietti）酒庄首次选择将其葡萄园的名称（分别为 Bussia 和 Rocche）写在巴罗洛葡萄酒的酒标上。

1961 年，巴罗洛早已成为意大利葡萄酒的重要产地，但对于大多数消费者来说，这里还是一个陌生的产区，他们也不了解这里著名的芳香葡萄品种内比奥罗（Nebbiolo）。所以，广大的消费者也无法认出任何一个单一葡萄园的名字，或者说出它们有哪些特征。当我们事后诸葛亮的时候，可以发现在葡萄酒标签上注明产区、葡萄园，是巴罗洛葡萄酒"二战"后成功的标志。在接下来的几十年里，在标签上清晰标识那些珍贵的葡萄园成为惯例，葡萄酒买家逐渐认识到巴罗洛是意大利葡萄酒的首要产区。1961 年的年份酒和这一代的新锐酿酒师群体，包括贝佩·科拉（Beppe Colla，普鲁诺托酒庄）、阿尔弗雷多·科拉多（Alfredo Currado，维埃蒂酒庄）、泰奥巴尔多·卡佩拉诺（Teobaldo Cappellano，卡佩拉诺酒庄）和安杰罗·嘉雅（Angelo Gaja，嘉雅酒庄），被认为是巴罗洛迈向今天的成功的第一步。

说回法国，我们就不能不提 1961 年嘉伯乐酒庄埃米塔日小教堂（Paul Jaboulet Aîné Hermitage La Chapelle）西拉葡萄酒。它产自罗纳河畔的埃米塔日产区，埃米塔日是富有胡椒香气和芬芳花香的红葡萄酒的全球最大产地。与前面提到的巴罗洛不同，小教堂（La Chapelle）不是一款单一园的葡萄酒，它是嘉伯乐酒庄仅在其顶级葡萄园上使用的专有名称。1961 年份酒是小教堂的代表作，任何品尝过该酒的收藏家都会将这款酒列入他们清单的前十名。但令人悲伤的是，在长达一个世纪的时间里，嘉伯乐酒庄埃米塔日小教堂仅出产了十几个杰出的年份酒。1991 年之后，嘉伯乐酒庄改变了风格，新的风格失去了以前的所有个性。那些品尝过 1991 年之前和 1991 年之后的嘉伯乐顶级酒款的人会注意到，它从法国最正宗、最受推崇的生产商变成了最令人失望的生产商之一。但 1961 年的辉煌足以弥补今天的失败，事实上，1961 年的传奇可能是嘉伯乐酒庄至今仍然闻名世界的主要原因。

回到圣·斯特凡诺

芬迪五姐妹在历史悠久的罗马市中心开设了旗舰店。一年后，她们聘请了一位年轻、相对还不那么知名的设计师：卡尔·拉格斐（Karl Lagerfeld）。

尽管美国卫生局局长在 1957 年就宣布吸烟与肺癌之间存在因果关系，但直到这一年的一份爆炸性的政府报告发布后，普通美国人才开始对此感到担忧。

成为世界重量级拳击赛的冠军之后，卡修斯·克莱（Cassius Clay）在介绍自己时说，我是穆罕默德·阿里（Muhammad Ali）。

1964

布鲁诺·贾科萨（Bruno Giacosa）经常被称为巴罗洛和巴巴莱斯科（Barbaresco）的"传统主义者"。"传统主义者"标签是为那些不那么注重甜感、橡木味，更关注葡萄原料的纯净和纯粹潜力的葡萄酒生产者设计的。它的反义词是"现代主义者"。"现代主义者"会在发酵过程中采用更多人为控制、过度的橡木陈酿以及其他使葡萄酒变得平衡的工艺和技术。在当时的巴罗洛和巴巴莱斯科，现代主义者因为离经叛道而受到批评。这有点像把奶奶做的意大利面酱和摆盘精美的意大利面条堆放在浮夸的主厨菜单上进行比较。

"传统主义者"这个绰号是骗人的。贾科萨是该地区最具创新精神的酿酒师，他酿造的葡萄酒体现了如今备受追捧的优雅和花香风格。从 1961 年到 2008 年，贾科萨酿造了很多卓越的葡萄酒，其中最重要的一款葡萄酒出现在 1964 年，第一个圣·斯特凡诺珍藏（Santo Stefano Riserva）年份酒。圣·斯特凡诺（Santo Stefano）是巴巴莱斯科镇的一个单一园。巴巴莱斯科毗邻巴罗洛，其品质可与巴罗洛媲美，难分伯仲。比较起来，就像是洋基队与大都会队的对决（如果大都会队也很好的话）。除了 1964 年，贾科萨只酿造了另外 9 款圣·斯特凡诺珍藏年份酒，分别是 1971、1974、1978、1982、1985、1988、1989、1990 和 1998。这些年份每次都是"本垒打"，但 1964 年的表现尤为出色，因为这是贾科萨首次发布单一园葡萄酒，推动了巴罗洛和巴巴莱斯科快速跻身世界顶级葡萄酒版图。

罗伯特·蒙大维的耳光

为了表彰她在过去十年中对裙摆设计的贡献，因发明迷你裙而闻名的时装设计师玛丽·匡特（Mary Quant）被授予大英帝国勋章。匡特认为高裙摆代表着"生命和巨大的机会"。

由于迷幻剂的蓬勃发展引发了恐慌，美国政府将 LSD 定为非法。当然，该禁令不适用于美国政府组织的秘密实验（比如，中情局的神经控制试验 MK-Ultra）。

黑豹党制定了他们的"十大纲领"，呼吁提供就业、教育、充足的住房以及结束警察的暴行。

1966

如果有一个酿酒师，无论是仇恨还是痴迷美国葡萄酒的人，都认为他对美国葡萄酒最为重要，那他就是罗伯特·蒙大维（Robert Mondavi）。自蒙大维家购买了查尔斯·库克酒庄开始，他的葡萄酒之旅就开始了。查尔斯·库克酒庄在禁酒令期间幸存下来，并在纳帕积累了大量土地。罗伯特的父母并不是葡萄酒行家，相反，他们是意大利移民，很会做生意。罗伯特·蒙大维是家里的长子，有一次他去欧洲旅行，认识到葡萄酒的质量将是纳帕葡萄酒的未来，而不能简单地追求产量。罗伯特·蒙大维并不是第一个相信加州葡萄酒具有很大潜力的人，但他肯定是最大胆的那一位。1966 年，罗伯特·蒙大维创建了自己的酒庄，这也是美国禁酒令之后诞生的第一家酒庄。然后，他取得了巨大成功。与此同时，加州葡萄酒也实现了从普普通通到璀璨宝石的崛起。直到 20 世纪 90 年代，蒙大维酒庄还按照老式方法，也就是波尔多风格酿造加州赤霞珠。与今天你品尝到的带有大量巧克力、糖浆和樱桃派风味的赤霞珠不同，当时的葡萄酒酒精含量较低，具有草药和烟草风味，并且具有出色的陈年能力。2004 年，星座公司（Constellation Brands）以数亿美元收购了蒙大维酒庄。从交易的数字上看，当时蒙大维大胆酿造优质葡萄酒的举措获得了回报，但我们可能失去了一个伟大葡萄酒的来源。

蒙大维是众多第二代加州人中的第一人，他们这代人开辟了自己的葡萄酒之路，而不是简单地延续家族的遗产。邓肯·阿诺特·迈尔斯（Duncan Arnot Meyers）和内森·李·罗伯茨（Nathan Lee Roberts）【阿诺特-罗伯茨（Arnot-Roberts）酒庄】、泰根·帕萨拉夸（Tegan Passalaqua）【图利（Turrey）酒庄】、摩根·吐温-彼得森（Morgan Twain-Peterson）【基石（Bedrock）酒庄】和戴安娜·斯诺登·塞西斯（Diana Snowden Seysses）【斯诺登（Snowden）酒庄】都是土生土长的加州人，他们都在家族企业之外为自己赢得了名声。

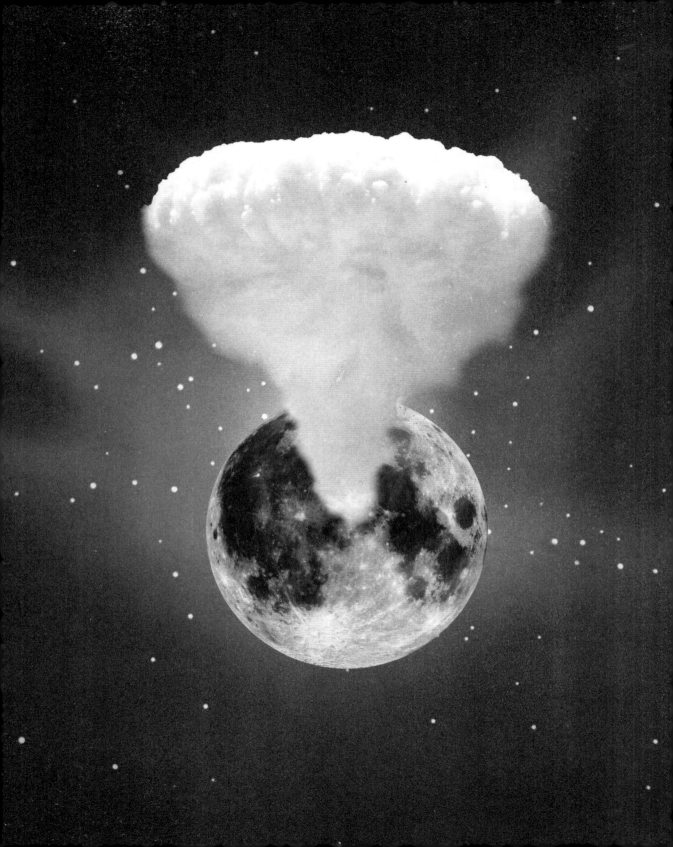

牛人嘉雅

1967

1961年，当安杰罗·嘉雅（Angelo Gaja）开始在自己家族的酒庄工作时，他很快就被誉为意大利葡萄酒界最富热情的人物之一。家族酒庄位于意大利北部，是一个崇尚传统和保持尊重的城镇，在这里野心太大并不总是件好事，但安杰罗·嘉雅的目标是酿造最好的葡萄酒，他要让所有人都知道这一点。几年之内，他就把家族的酒庄提升到了一个新的水平。同时，他还成功推动了整个意大利葡萄酒行业的进步。

第一款展现安杰罗·嘉雅才华的葡萄酒是1967年份的苏里圣劳伦园（Sori San Lorenzo）。苏里圣劳伦园是巴巴莱斯科最著名的单一园之一，这时的巴巴莱斯科虽比邻巴罗洛，却鲜为人知。首次发布的酒标上装饰着红色和铬合金的Z字形标签，这是意大利葡萄酒首次突出视觉识别，创新性地进行品牌建设，而不仅仅是依靠良好的口感打天下。这款酒一炮而红，其享有的盛誉至今不衰。它有一种超凡脱俗的和谐，来自其强烈的果香和果味的平衡，以及其葡萄品种——内比奥罗本身的酸涩和苦味——尤其是当这些更尖锐的口感，随着时间的推移，融合成更温和、更易饮的口味时，其口味会变得更加美妙。这款酒获得的赞誉让安杰罗·嘉雅有信心环游世界，出售他的葡萄酒。他认为，它不仅可以作为意大利休闲餐桌上的佳酿，还可以作为巴罗洛和托斯卡纳等意大利顶级葡萄酒的替代品。这款酒甚至已经达到了法国最佳葡萄酒的水平。

安杰罗·嘉雅的成功一直持续到20世纪80年代末。该酒庄至今仍在营业，但其辉煌时代已于1990年结束。当时，安杰罗将法国橡木桶引入巴巴莱斯科，并在内比奥罗葡萄园中种植霞多丽和赤霞珠等葡萄品种。在崇尚传统的地区引入老对手法国的葡萄品种和酿酒技术，这种做法在过去和现在都会受到多数人的鄙视。于是，他的葡萄酒没有得到与经典巴巴莱斯科葡萄酒相同的尊重。

超级事件
正在悄悄发生

这是充满暴力和骚乱的一年：马丁·路德·金（Martin Luther King）和罗伯特·F.肯尼迪（Robert F. Kennedy）遇刺，种族骚乱、布拉格之春和美莱村大屠杀等轮番上演。

罗伊·雅库奇（Roy Jacuzzi）发明了第一款商业漩涡浴缸。他的叔公坎迪多·雅库奇（Candido Jacuzzi）在儿子肯（Ken）被诊断出系统性幼年型类风湿关节炎并被告知活不到三岁后，为儿子设计了这种浴缸的雏形。后来，水疗帮助肯活过了七十岁。

与此同时，在月球轨道上运行的阿波罗 8 号机组人员成为首批体验"纵观效应"的人——从太空看到的地球是一个脆弱的球体，从而产生一种压倒性的敬畏感，感受到与其他生命联系更为紧密。

1968

1968 年出生的法国人，很难买到自己生辰年的本国优质葡萄酒。但如果你是当年出生的意大利酒迷，那你就坐上了幸运列车。1968 年，波尔多和勃艮第遭遇了一场洪灾，但意大利两个产区的气候却十分理想，酿出了一些本世纪最好的葡萄酒。

第一个明星是宝格利（Bolgheri），它位于托斯卡纳一个偏远而崎岖的产区。今天，这里已经只是零星的大别墅、葡萄园和橄榄园的所在地了。当时，宝格利并不是传统上的葡萄酒产区，貌似更像休息和度假之地。宝格利没有哪个地区的知名度足以让消费者认出名字，因此这里的葡萄酒被打着日常餐酒（vino da tavola）或者餐酒（table wine）的标签。根据意大利从 1963 年开始逐步建立的葡萄酒分级体系，日常餐酒是意大利葡萄酒质量等级中的最低级别（见第 100 页）。在宝格利，英奇萨·德拉·罗切塔（Incisa della Rocchetta）家族决定种植两种波尔多品种：赤霞珠和品丽珠。罗切塔家族出过两位罗马教皇，他们财富遍天下，一度可以从佛罗伦萨骑马到罗马，而无须离开自己的土地。1968 年，马里奥·英奇萨·德拉·罗切塔侯爵（Marchese Mario Incisa della Rocchetta）决定开始销售他的葡萄酒，在此之前，他的酒仅供家族自用。然后，他的葡萄酒快速成为意大利最著名的葡萄酒，也就是酒圈人人皆知的西施佳雅（Sassicaia）。商业上取得的成功证明，罗切塔家族在宝格利开辟葡萄园和销售葡萄酒都是极其英明的决定。自 1968 年以来，西施佳雅的规模不断扩大，但品质一直高高在上。

宝格利南部的图拉斯（Taurasi）地区也是有名的葡萄酒产区，这个产区的声誉归功于马斯特巴迪洛（Mastroberardino）家族。1968 年，马斯特巴迪洛家族成功掌握了艾格尼科（aglianico）葡萄的酿酒秘籍，艾格尼科是一种颜色深、味道浓郁的葡萄品种。1968 年份酒是马斯特巴迪洛酒庄最有历史意义的一次装瓶。这个年份显示出巨大的潜力，因此酒庄决定生产单一园葡萄酒，这种酒他们以前从未生产过，此后也再未生产。1968 年份葡萄酒的葡萄来自蒙特马拉诺（Montemarano）、皮安德安杰洛（Pian d'Angelo）和卡斯泰尔弗兰奇（Castelfranci）三处葡萄园。马斯特巴迪洛酒庄今天仍在，但与西施佳雅不同的是，它的新年份酒却始终令人失望。尽管马斯特巴迪洛酒庄在 1968 年之前和这之后都取得过一些成功，也曾被认为是意大利最具前途的酒庄之一，但其 1968 年份酒被大家公认是一次性产品。

托斯卡纳艳阳下：
超级托斯卡纳

与几乎所有葡萄酒产区一样，托斯卡纳有严格的法律规定，标签上注明的该地区名称就规定了酿酒葡萄品种。例如，如果酒标或酒瓶上写着"Brunello di Montalcino"（意思是来自蒙塔奇诺的布鲁奈罗葡萄酒），那表明这瓶葡萄酒必须是 100% 桑娇维塞（Sangiovese）酿制；而如果酒标是"Vino Nobile di Montepulciano"（蒙特普齐亚诺），那么这瓶酒只需要由 70% 的桑娇维塞酿制。在 20 世纪 60 年代和 70 年代，有几位新锐酿酒师一致认为，他们可以在这些限制之外酿造出更加优质的葡萄酒。这些酿酒师努力的结果就是后来被誉为"超级托斯卡纳"的精品葡萄酒，"超级"二字代表了他们的努力成果，但从法律上说他们也是最受委屈的。

尽管他们的葡萄酒质量上乘，但因为不符合分级法案要求，只能屈尊分类到 IGT（地区餐酒）这个等级。对于大多数消费者来说，超级托斯卡纳代表着一种浓郁、强劲的葡萄酒。今天许多知名的超级托斯卡纳是结构均衡、单宁雄厚和酒体饱满的波尔多混酿，就像是波尔多的赤霞珠和美乐一样。大部分的超级托斯卡纳一年比一年的评分高，甚至是达到完美的 100 分评价（见第 126 页）。但令人困惑的是，超级托斯卡纳也可以指风格截然不同的葡萄酒。例如，基安蒂经典产区（Chianti Classico）的一群顶级酿酒师使用 100% 的桑娇维塔，酿造了一种清淡朴实的葡萄酒。直到最近，一瓶基安蒂经典产区的葡萄酒像这样仅使用 100% 桑娇维塞的做法依然是违法的，因此这些精致的葡萄酒也被归类为超级托斯卡纳，这些酒与大名鼎鼎的天娜（使用桑娇维塞、赤霞珠、品丽珠等品种混酿）和西施佳雅（由赤霞珠和品丽珠混酿）的口味截然不同。简而言之，"超级托斯卡纳"这个词没什么用处——了解一瓶酒味道的唯一方法是知道瓶中到底是哪些葡萄酿成的酒。其实，许多伟大的葡萄酒都源于这种叛逆精神。

轻盈而朴实的超级托斯卡纳葡萄酒
（其中一些是整个地区最好的葡萄酒）：

• 费尔西纳·芳塔罗洛（Fèlsina Fontalloro）
• 蓝十字·福地酒庄（Fontodi Flaccianello）
• 奥莱娜·小岛·赛普莱诺
  （Isole e Olena Cepparello）
• 蒙特贝汀讷酒庄佩格雷托特园
  （Montevertine Le Pergole Torte）

浑厚而丰富的超级托斯卡纳
（更像波尔多的酒）：

• 安东尼世家·天娜（Antinori Tignanello）
• 马塞托（Masseto）
• 奥那拉雅（Ornellaia）
• 西施佳雅（Sassicaia）
• 索拉雅（Solaia）

新世界拉开帷幕

1969 年取得的进步：尼尔·阿姆斯特朗（Neil Armstrong）在月球上迈出了他的一小步，而披头士乐队则在《艾比路》（Abbey Road）的封面上迈出了他们的一小步。

黄石国家公园官员为了恢复灰熊的野生状态，不再人工投喂。超过 200 只灰熊因抢食游客的垃圾食品，对游客构成危险而被杀害。

劫机事件愈演愈烈，近 90 架飞机改道，其中大多数飞往古巴。这种现象如此普遍，以至于《时代》杂志发表了一篇题为"当劫机者出现时该怎么办"的文章，建议乘客带泳衣过夜。

1969

20 世纪 60 年代，当一些人加入公社，制作扎染 T 恤，庆祝青春和理想主义的人生阶段时，雅克·塞西斯（Jacques Seysses）却在勃艮第买下了葡萄园，收购了一家倒闭的酿酒厂，他看中的是这家酒厂的土地，而不是几乎处于混乱状态的设备。雅克·塞西斯出生于巴黎，是一家富裕的饼干制造商的儿子，他很幸运能够选择自己的人生道路。成为酿酒师并不是大多数父母所憧憬的孩子的职业未来，就像今天的父母可能不会吹嘘他们的孩子梦想成为 Instagram 博主一样。雅克 1968 年酿造的首批葡萄酒非常糟糕，最好还是不要提了，但他没有被轻易劝退，这是件好事。他很快重整旗鼓，将传统工艺与精致的勃艮第红酒酿酒风格相结合，同时他也完成了葡萄园的收购任务。1969 年，雅克在洛奇园（Clos de la Roche）、圣丹尼园（Clos Saint-Denis）、热夫雷 - 香贝丹一级园（Gevrey-Chambertin Aux Combottes）、依瑟索（Echézeaux）和波内 - 玛尔（Bonnes-Mares）拥有花园大小的葡萄园，并在这个普遍非凡的年份酿造了一批最好的葡萄酒。

与此同时，在酿酒世界的另一边，坐落在北加州凉爽的圣克鲁斯山脉（Santa Cruz Mountains）的山脊酒庄（Ridge Vineyards）雇用了一位名叫保罗·德雷珀（Paul Draper）的人。这些山脉是加州种植赤霞珠的最冷地区，酿出的葡萄酒口感细腻，带有泥土的芬芳，让人联想起伟大的波尔多葡萄酒。刚刚从斯坦福大学毕业的保罗·德雷珀去过智利，采用 19 世纪的方法：不进行灌溉，不进行温度控制，通过最自然的方式酿造葡萄酒，极为关注葡萄酒质量，而不是以商业目的为重。让保罗印象深刻的是，山脊酒庄的所有者是一群斯坦福研究所的科学家，他们购买了这个偏远的庄园，是为了逃避即将到来的技术浪潮。这些科学家邀请保罗回到加州的家，由此可以看出他们为什么能够走到一起。

1969 年，保罗·德雷珀在山脊酒庄发布了他的第一个年份葡萄酒，由圣克鲁斯山顶的蒙特贝洛（Monte Bello）单一园酿造。保罗·德雷珀的放手策略让这款葡萄酒超过了本地品质，这款 1968 年的蒙特贝洛葡萄酒呈现出一种轻盈的老派赤霞珠风格，反映出圣克鲁斯山脉的气候，为保罗和他的团队赢得了国际赞誉。当加州的大部分葡萄酒都是由产区不同的葡萄进行混合酿酒时，山脊酒庄成为加州首批效仿欧洲做法、每年采用单一园酿造葡萄酒的酒厂之一。时至今日，该酒庄及其葡萄园和设施仍处于不同时代。山脊酒庄真是个有魔力的地方。

还需要更多时间

1970 年 4 月 22 日，是世界第一个地球日，标志着现代环保运动的诞生。

为了纪念"石墙事件"（Stonewall Riots）一周年，芝加哥和旧金山于 6 月 27 日举办了首届同性恋游行。同年洛杉矶和纽约也紧随其后。

12 月 21 日，埃尔维斯·普雷斯利（Elvis Presley）秘密会见尼克松总统。他提出支持打击毒品的战争，以换取麻醉品和危险药品局的徽章。尼克松同意了，猫王拥抱了他，这让总统感到惊讶。

1970

巴罗洛是一个充满乡村气息的地方，小镇上到处都是老房子，只有几个红绿灯，笼罩着一层怪异的雾气。这里生活节奏缓慢，葡萄酒也是如此。很多巴罗洛葡萄酒在年轻时都比较平易近人，但马斯卡雷洛（Mascarello）酒庄不在其中。毫不夸张地说，1970 年份的马斯卡雷洛浓郁、优雅、苦涩，单宁像红茶一样，可能甚至今天还不适合饮用。

许多经验丰富的意大利葡萄酒爱好者都表示，1970 年的朱塞佩·马斯卡雷洛酒庄蒙普里瓦托园巴罗洛葡萄酒（Giuseppe Mascarello Barolo Monprivato）是这个"靴子国"生产的最好的葡萄酒之一，因为这款酒，他们把那些更知名的品牌和评价更高的年份都抛在了一边。马斯卡雷洛家族多年来一直将蒙普里瓦托园的葡萄混酿到巴罗洛葡萄酒中，但 1970 年份表现实在太好了，葡萄原料成熟、平衡且总体优异非常，家族决定将其作为他们的第一个单一园葡萄酒对外发布，事后证明这是一个完美的选择。虽然该家族 20 世纪 50 年代和 60 年代的葡萄酒品质也非常好，但 1970 年的蒙普里瓦托园是该酒庄历史上的里程碑。它与马斯卡雷洛出产的其他产品一样强劲有力、质朴而又传统，但除此之外，它还具有复杂性且极为优雅。

如今，蒙普里瓦托园葡萄酒仍然是这个家族的顶级葡萄酒。虽然自 1970 年来到巅峰之后，马斯卡雷洛经历了起起落落，但家族的 1970 年份葡萄酒仍因其陈年能力而引人注目。不过，换句话说，虽然耐陈年是葡萄酒品质的标志，但如果任何葡萄酒在五十年之后仍被认为太年轻而不适合饮用，那就令人恼火了。

白葡萄酒时代

随时购买牡蛎再次合法化。纽约州州长尼尔森·洛克菲勒（Nelson Rockefeller）废除了1912年制定的禁止在5月至8月之间销售牡蛎的法律。那时，没有冷藏设备来防止扇贝在夏季变质，但现在已经不同了。

12月22日，11名医生和2名记者成立了无国界医生组织。他们认为人们接受医疗干预的权利超越国界。

雪莉·奇泽姆（Shirley Chisholm），她是第一位进入众议院的黑人女性，参加了1972年总统选举的民主党初选。

1971

1971年被评为本世纪勃艮第、巴罗洛、香槟和罗纳河谷最好的葡萄酒年份之一。对于红葡萄酒来说，这是一个特殊的年份，但如果要评选年度最佳葡萄酒，那么白葡萄酒将横扫一切。当年天气平稳，既不太热也不太冷，赋予了葡萄酒很高的酸度，它具有一种天然的防腐效果。

不幸的是，陈酿型白葡萄酒在当时并不常见，大多数葡萄酒都被尽快喝掉，因此那些酒现在已经绝迹了。今天，这种"立即就喝"的心态仍然很常见，但真不一定要如此。

事实上，有的白葡萄酒非常适合窖藏。我首先想到了拉维尔·奥比昂酒庄（Chateau Laville Haut-Brion），它是波尔多少数几个只生产干白葡萄酒的酒庄之一，而且其他几个酒庄无疑是同类中最出色的。与几乎所有波尔多白葡萄酒一样，拉维尔·奥比昂酒庄的葡萄酒由赛美蓉（Semillon）和长相思（Sauvignon blanc）混合酿造，世界上大多数长相思都是在不锈钢中陈酿、批量化生产的，味道像葡萄柚和墨西哥辣椒。但拉维尔·奥比昂酒庄将其在橡木桶中陈酿，酿制出具有蜂蜜、番石榴和花朵香气的高贵白葡萄酒。这款1971年份的葡萄酒具有如此精细的结构和新鲜度，这些味道随着时间的推移会持续变化。

飒朗酒庄（La Coulée de Serrant）是法国卢瓦尔河谷的一个单一园，这里只种植白诗南（Chenin blanc），白诗南是一种以陈年潜力强而闻名的葡萄品种，种植白诗南可以说是另一个相对安全的选择。最好的白诗南品尝起来有海盐、苹果和柠檬的味道。1962年，乔利（Joly）家族购买了这座葡萄园，对于许多收藏家来说，飒朗酒庄的最佳时代是20世纪70年代和80年代初。在此之前，富有创新意识的自然酒先锋人物尼古拉·乔利（Nicolas Joly）加入了家族企业，并推动酒庄摆脱了传统做法。飒朗酒庄的1971年份酒是纯正、经典酿造的完美葡萄酒典范，它也标示了自然葡萄酒不会自动变好。

如果说1971年的白诗南会优雅地变老，那么1971年份的雷司令则像金字塔一样耐得住时间考验。如果说婷芭克世家（Trimbach）的雷司令是法国阿尔萨斯地区的精英（参见第108页），那么伊贡·慕勒酒庄（Egon Müller）则是德国雷司令之王。雷司令是一种无所不能的葡萄品种，特立独行的伊贡·慕勒很好地利用了这一点，他在德国偏远的萨尔地区工作，酿造的葡萄酒种类繁多，从干型柑橘味到浓稠甜如糖浆的葡萄酒，每一款都得心应手。沙尔茨霍夫（Scharzhof）系列的1971年份葡萄酒略带甜味，而其他葡萄酒的含糖量则高于果冻。高含糖量有助于葡萄酒的保存，即使其甜味随着时间的推移而消失，葡萄酒仍然生命如新。1971年的珍藏级雷司令（Kabinett，雷司令糖度较低的级别名称）现在尝起来已经像是干型葡萄酒了。另一个极端是，逐粒精选贵腐酒（Trockenbeerenauslese, 简称TBA）是该系列中最甜的葡萄酒，并且只能在特别年份酿造。酿造TBA的葡萄，在生长阶段必须具有良好的品质，以确保它们可以在葡萄藤上生长很长时间，最终在它们脱水后，浓缩它们的风味、糖分和酸度。

霞多丽甜酱

妇女历史上的里程碑式的一年：网球冠军比利·简·金（Billie Jean King）在"性别之战"中击败鲍比·瑞格斯（Bobby Riggs）；艾米莉·豪厄尔·华纳（Emily Howell Warner）被边疆航空公司聘用后，美国飞行员中终于有 35000 名男性和 1 名女性了。

美国精神病学协会将同性恋从其精神障碍诊断与统计手册中的疾病清单中删除。

斯宾塞·西尔弗（Spencer Silver）是 3M 公司的一名研究员，他发现了一种不那么黏的东西，多年来一直在思考这种物质的用途。直到他的同事阿瑟·弗莱（Arthur Fry）发现这正是他需要的东西，可以将书签粘在教堂赞美诗的页面上。便利贴诞生了。

1973

就像一辆新车、加勒比海的海风和纽约市的下水道一样，加利福尼亚霞多丽葡萄酒也有一种特殊的气味和风味。今天，加利福尼亚霞多丽的产量很大，而且有点乏味（当然，这取决于你问谁）。但在 20 世纪 70 年代，加利福尼亚霞多丽有着一种独特和优雅的调调。事实上，它有一种光环，甚至连法国人都对它肯定有加。

1976 年，法国举办了一场名为"巴黎审判"（the Judgment of Paris）的盲品会。在这次盲品会上，来自纳帕谷蒙特莱娜酒庄（Chateau Montelena）的 1973 年份霞多丽酒赢得了大奖，震惊了所有的法国竞争对手和酒会评委。那么，这款酒与法国葡萄酒的差异很大吗？其实不是很大，但美国葡萄酒行业从这个故事中汲取了无穷无尽的营销素材。事实上，勃艮第的 1973 年份酒总体来说很不错，但却算不上极为出色，而在几千公里之外的加利福尼亚却备受赞誉。这并不是要贬低蒙特莱纳酒庄的葡萄酒。蒙特莱纳酒庄的酒很好，描述这个酒庄的酒最好的方式是，这是一款具有法国风味的葡萄酒，这意味着蒙特莱纳比加州的其他霞多丽葡萄酒酸度更高、油腻感更少。

但是，"巴黎审判"中的第二名对葡萄酒世界来说更不可或缺，它就是勃艮第的芙萝酒庄（Domaine Roulot），参赛选手是酒庄的夏尔姆（Charmes）一级园。从 20 世纪 70 年代开始，芙萝酒庄一直出产世界上最好的霞多丽葡萄酒，这种品质一直持续到今天。酒庄位于著名的默尔索（Meursault）产区，出产的霞多丽世界闻名，富有柑橘类水果和矿物质香气以及黄油、杏仁和烤榛子等微妙的气息和咸味，这一点与加利福尼亚盛行的浓郁奶油风格的霞多丽截然相反。芙萝酒庄是默尔索"最神圣"的酒庄之一，如果"巴黎审判"上的葡萄酒出自酒庄的一级园默尔索 - 石头园（Meursault-Perrières），芙萝酒庄无疑会拿下第一的名头。

加州的霞多丽也不都是那么不堪，如果您想喝到像样的霞多丽，而不是黄油爆米花，请试下列酒庄的产品：

- 赛瑞塔斯（Ceritas）酒庄
- 赫兹（Hirsch）酒庄

- 里欧克（Lioco）酒庄
- 马西亚森（Matthiasson）酒庄
- 沙山酒庄（Sandhi Wines）
- 泰勒酒庄（Tyler Winery）

差年份中
最好的葡萄酒

1月11日，第一个六胞胎在南非出生并幸存下来。十五年后，他们的父亲在离婚时获得了完全监护权。一天家长会，他要见二十六位老师。

8月9日，尼克松就任总统，并成为历史上唯一一位辞职的美国总统。

人类从波多黎各的阿雷西博天文台向星际发送无线电信息，包括从一到十的数字、代表DNA的双螺旋，以及一幅简笔画。外星人似乎不感兴趣，至少现在还没有给予任何回应。

1974

1974 年，并不是葡萄酒收藏家们普遍选择的产区中备受追捧的年份，但这一年的一款酒如此独特和美味，以至于它不得不跻身于 20 世纪最佳葡萄酒之列。即使是葡萄酒世界里最不愿意通过富有诗意的语句描述葡萄酒的人，也会同意这款酒的描述方式：1974 年的赫兹酒窖马莎园（Martha's Vineyard）酒，尝起来像是薄荷巧克力风味的冰激凌。

20 世纪 50 年代末，乔·赫兹（Joe Heitz）在纳帕谷开启了自己的葡萄酒生涯，他与加州新一代酿酒师们一起酿造葡萄酒，其中就包括美国葡萄酒先驱罗伯特·蒙达维（Robert Mondavi）。他买下了纳帕谷圣海伦娜（St. Helena）地区的一个小葡萄园，主要种植不起眼的意大利葡萄品种格丽尼奥里诺（Grignolino）。但是让乔·赫兹名声大噪的并不是这种颜色浅、桃红色的葡萄酒，而是乔·赫兹后来收购的马莎园。马莎园由他和妻子的朋友共同拥有，并种植赤霞珠葡萄，马莎园的葡萄酒一经推出，就成为加州最被看好的葡萄酒之一，使得赫兹登上了优质葡萄酒的国际舞台。马莎赤霞珠的第一个年份是 1965 年，但因为葡萄树龄不够，葡萄酒复杂性一般。又过了十年，采用有机种植的马莎园具有无与伦比的韵味。葡萄老藤蔓的周围环绕着大量桉树，使这里成为美国最具特色的葡萄园之一。尽管赫兹可能没能跟得上时尚的变化，但他酒庄的酒品质始终如一。今天，在侍酒师卡尔顿·麦考伊（Carlton McCoy）的指导下，酒庄再次取得成功。

从树根到财富

帕蒂·赫斯特（Patty Hearst）让斯德哥尔摩综合征现象流行起来，她被"共生解放军"绑架后被洗脑，并参加了数次银行抢劫案。最后，她被判处银行抢劫罪。

1976 年，因研究发现使用"红二号"（Red No.2）的食用色素可能诱发癌症，由"红 40 号"色素染色的红色 M&M's 巧克力豆在公众的红色恐慌中消失了。直到 11 年后，田纳西州的一名"空虚、寂寞、冷"的 18 岁学生保罗·赫斯蒙（Paul Hethmon）上演了一出恶作剧。他成立了一个"恢复及保留红色 M&M's 协会"，但他万万没想到，这个提议却受到热烈响应并流行起来。1987 年，当玛氏公司重新推出这种糖果时，他们送给赫斯蒙 50 磅红色 M 豆以示感谢。

由古生物学家玛丽·利基（Mary Leakey）领导的探险队在坦桑尼亚的莱托利（Laetoli）发现了保存在火山灰中的动物足迹。他们后来发现，该遗址也是 360 万年前人类的足迹，证明这些早期人类是两足动物，但可能腿很短。

1976

当对任何一款葡萄酒进行多年份的垂直品鉴时，你通常会发现它首次发布的年份往往是最好的。获得早期的胜利很容易，但坦率地说，考虑到酿酒师无法掌控大自然的影响，这种连续年份的比较是不公平的。然而，当你看到亨利·贾耶尔（Henri Jayer）的作品时，不管是他早期、中期还是晚期的葡萄酒，都是如此的出类拔萃。他是"二战"后勃艮第最重要的代表人物之一。2006 年，贾耶尔去世，他那双无瑕之手，因酿造了一季又一季的克罗斯·巴郎图一级园（Cros Parantoux）葡萄酒而被大家所铭记。克罗斯·巴郎图一级园葡萄酒是法国历史上最有影响力的葡萄酒之一。

20 世纪 50 年代，亨利·贾耶尔开始酿造以自己的名字为品牌的葡萄酒，并取得巨大成就，直到 2001 年最后一个年份。虽然他也为勃艮第最著名的葡萄园如依瑟索和里奇堡酿造葡萄酒，但是他的名气却与克罗斯·巴郎图园密切相连。克罗斯·巴郎图园位于山丘高处，通常无法与山坡处的葡萄园相提并论。自"二战"结束后，克罗斯·巴郎图园就开始休耕，园里长满了菊苣。当其他人对这片葡萄园熟视无睹时，贾耶尔看到了它的潜力。贾耶尔知道它的邻居是世界上最昂贵和最受欢迎的葡萄园之一——里奇堡。贾耶尔费尽力气用炸药炸开石灰岩，重新种植了一小部分葡萄园，并从其他土地所有者那里不断购买土地，以便生产最高品质的黑皮诺葡萄酒。1978 年，贾耶尔终于等到巴郎图葡萄园的成熟时刻，他将巴郎图的葡萄酒独立装瓶发布，在此之前巴郎图葡萄园一直与其他葡萄园的葡萄混合酿酒。

虽然克罗斯·巴郎图的第一个年份被标记为"1978"，但传说 1976 年份的"亨利·贾耶尔，沃恩-罗曼尼"实际上是克罗斯·巴郎图。尽管 1976 年并不是勃艮第的超级年份，但这款出自亨利·贾耶尔之手的葡萄酒却经受住了时间的考验，其精致柔和的味道已迅速转变为朴实但仍然以果香为主的味道——只有亨利·贾耶尔的魔力才能取得如此的成功。

经典基安蒂

1977

在基安蒂这样一个历史悠久的地区改变酿酒传统是一项大胆的尝试。基安蒂（Chianti）是世界上最著名的餐酒产区。餐酒，顾名思义是用来搭配美食、和爱人一起享受的酒，而不是用来炫耀的酒。在 20 世纪 70 年代的美国，喝基安蒂葡萄酒很常见，但它肯定不酷。意大利葡萄酒大多放在柳条篮里，它总是餐厅菜单上最便宜的那一款酒。当时的大多数基安蒂葡萄酒都是将桑娇维塞与赤霞珠、美乐等法国品种混合在一起酿造的，为富有酸味和草本植物味道的托斯卡纳本地品种增添色彩和柔顺度。基安蒂葡萄酒的简单属性并没什么问题，但少数生产商却渴望超越祖母的期待。他们疯狂地想用本地区的桑娇维塞葡萄生产出更高质量的葡萄酒来。

蒙特维提尼酒庄波高利多园葡萄酒（Le Pergole Torte，酒圈又称美人头）是首批新的、仅使用桑娇维塞的基安蒂酒之一，而且绝对是这批葡萄酒里最好的。1977 年，自蒙特维提尼酒庄首次推出该产品，波高利多园葡萄酒向世界展示，桑娇维塞作为一个品种和基安蒂作为一个产区都值得认真对待。又过了二十年，美国市场终于像对待法国葡萄酒一样对待意大利葡萄酒了，也就是说，意大利葡萄酒不再是低端餐酒的代名词，而是可以与法国葡萄酒相抗衡的奢华好酒。然而波高利多园始终是意大利的明星之一。

完美的飞行

1月16日，美国宇航局（NASA）任命了新一批宇航员，这是近十年来的第一个包括黑人、亚裔和女性的宇航员团队。

7月25日，世界上第一个"试管婴儿"出生于英国。

塑料瓶重量轻、可重新密封、可回收且不易破碎，它似乎是一个理想化的包装。可口可乐向世界推出了两升装塑料瓶，引起了轰动。

1978

晚餐时，葡萄酒的饮用顺序通常是先喝一杯清爽的白葡萄酒，然后逐渐尝试更浓郁的葡萄酒，最后来一杯酒体强壮的红葡萄酒。用这种葡萄酒饮用顺序来品尝单一年份酒，其柏拉图理想一定是1978年份酒，具体来说，是用一杯拉文诺夏布利（Raveneau Chablis）开场，用贾科莫·孔特诺·梦馥迪诺（Giacomo Conterno Monfortino）收尾。

今天，夏布利（Chablis）是法国一个只种植霞多丽的地区，也是世界上最重要的白葡萄酒产区之一。但在1978年，情况并非如此。当时，这种葡萄以酿造干型爽脆的葡萄酒而闻名。说白了就是简单、便宜。拉文诺家族是夏布利地区最早从附近的勃艮第著名酿酒师那里汲取灵感的家族之一。他们在橡木桶中陈酿夏布利葡萄酒，而不是使用更常见的不锈钢罐，橡木桶赋予葡萄酒类似香槟的咸味，同时保留了夏布利葡萄酒经典的锋利鲜感。当时，这些成本更高的酿酒方法并不会获得市场的支持，所以拉文诺如此操作绝对是出于热情而不是迎合市场。1978年份酒，是拉文诺家族有史以来最好的葡萄酒之一，而且这个年份的葡萄酒时至今日仍然新鲜感十足。

喝过了1978年份的拉文诺夏布利，同一年份最能够跟它琴瑟和鸣的，一定是贾科莫·孔特诺·梦馥迪诺。几十年来，孔特诺家族只用购买的葡萄酿造葡萄酒，直到1974年他们购买了一块名为卡西纳·弗朗西亚（Cascina Francia）的干草场。【这桩交易差点没有达成。在交易谈判的最后几个小时，卖家试图提高价格。乔瓦尼·孔特诺（Giovanni Conterno）很生气，后果很严重，他决定不买了。但他的妻子坚持让他完成交易，否则不准他回家吃饭。孔特诺是一位"很强势"的谈判者，他对自己的优先事项有着非比寻常的坚持。于是，他草草结束谈判，达成交易，按时回家吃晚饭。】几年后，这个干草场出产的葡萄足以配得上孔特诺这个高贵的名字。1978年，孔特诺推出了两款葡萄酒：卡西纳·弗朗西亚园巴罗洛葡萄酒（Barolo Cascina Francia）和酒庄的旗舰产品梦馥迪诺（Monfortino）。自此，孔特诺从全明星档次立刻升级为行业传奇。与所有标签上带有"巴罗洛"的葡萄酒一样，这两款酒均采用100%内比奥罗酿造。与卡西纳·弗朗西亚园相比，梦馥迪诺是一款酒体更强劲、陈年潜力更大的葡萄酒。虽然酒庄早期推出的梦馥迪诺是用从该地区各个葡萄园购买的葡萄酿造的，但1978年是第一个从葡萄种子到装瓶完全是孔特诺的年份，并且这款酒简直棒极了。

两个皮埃尔，
一个蒙哈榭

迪斯科热潮仍在继续。在东道主芝加哥白袜队和底特律老虎队举行的美国职业棒球比赛期间，发生了"迪斯科销毁之夜"大混乱，一名反迪斯科音乐节目主持人在比赛间隙引爆了一个装满迪斯科唱片的箱子，数千人冲上球场，点燃了乙烯碎片，并在外场留下了一个洞。

7月1日，第一款随身听（Walkman，因索尼联合创始人希望在长途飞行中听音乐而设计）在日本上市。

朱迪·芝加哥（Judy Chicago）的《晚宴》在旧金山现代艺术博物馆全球首次亮相，这是女权主义艺术的里程碑。

1979

"二战"前，皮埃尔·拉莫内（Pierre Ramonet）就一直在夏山-蒙哈榭（Chassagne-Montrachet）的拉莫内酒庄（Domaine Ramonet）酿造葡萄酒。1978年，他得到了被大家所公认的白葡萄酒冠军葡萄园——蒙哈榭园（Le Montrachet），蒙哈榭园毗邻他自己的葡萄园。蒙哈榭的故事极为传奇，为此，纽约一家餐厅改名为蒙哈榭，成为这座城市第一个迷恋勃艮第葡萄酒的地方。1978年份的葡萄酒无论如何都不算劣质葡萄酒，但最有见识的收藏家都知道，皮埃尔·拉莫内得到蒙哈榭后的第二个年份（1979年）的葡萄酒才是法国乃至世界上最好的霞多丽葡萄酒。

当时，皮埃尔·拉莫内并不是唯一拥有蒙哈榭的"皮埃尔"。皮埃尔·莫雷（Pierre Morey）家族也拥有一小部分蒙哈榭园，但他们与其他葡萄园所有者【如受人尊敬的拉芳家族（Lafon family）】签订了协议，以壮大其产能，并以同名品牌销售更多葡萄酒。他们使用其他人种植的葡萄来装瓶蒙哈榭葡萄酒。与皮埃尔·拉莫内一样，皮埃尔·莫雷也是一位白葡萄酒酿酒师，而且和拉莫内一样，他也是本世纪最优秀的酿酒师之一。莫雷在接下来的二十年里继续经营勒弗莱酒庄（Domaine Leflaive），他在20世纪70年代末和80年代推出的葡萄酒都非常出色。其中，最出色的当数1979年份酒，简直就是这一年的美妙缩影。像1979年这样较为凉爽的年份，霞多丽的浓郁风味与蒙哈榭园丰富的质地相互碰撞，从而创造出了平衡且独特的葡萄酒，它具有长达几十年的陈年潜力。

食品和
葡萄酒监管：
葡萄酒法

尽管处方药是法国和意大利最大的出口产品，但毫无疑问，这两个国家的食品和葡萄酒才是它们最引以为傲的出口产品。为了保护有数千年历史的产品质量和市场口碑，两国（乃至整个欧盟）都发布和实施了原产地保护法案（PDO 法案），PDO 是英文 Protected Designation of Origin 的首字母的缩写，意思是"受保护的原产地名称"，意在保护成员国优质食品和农产品的原产地名称，如巴罗洛、勃艮第（Burgundy）、帕尔马干酪（Parmigiano Reggiano）和孔泰奶酪（Comté）。

每个产区或原产地名称都有各自的指导手册（当然，产地越有名，各种指导就越严格）。例如，如果你有幸在基安蒂产区拥有葡萄园，并希望将该地区名称印在自己的葡萄酒标签上，你必须遵循基安蒂 PDO 的指导方针，该指导方针规定了从葡萄类型到每公顷葡萄园的产量，再到橡木桶陈酿的具体细节。忽略了这些规定的葡萄酒生产商，它们的葡萄酒就不符合该产区（或原产地）的要求，就不能打上产区（或原产地）名称。（参见第 78 页）也就是说，就像没有人能阻止你画一幅风景画，但你不能说你是莫奈；没有人能阻止你在后院种植某种葡萄，但你不能说你是蒙哈榭。

不同的国家的 PDO 法律有不同的名称，通常可以在葡萄酒和其他产品的标签上找到。法国的 PDO 法律是 AOP 制度（Appellate d' Ori gine Protegee），其规定更为详细。比如，只有几英亩大小的单一园，也有保护其名称的边界线，葡萄园只有经过管理机构登记、检查并确认种植了适当的品种、收获了规定数量的葡萄，才能合法使用这些名称。这个想法的出发点是，葡萄园的名字并不属于个人或者酒厂，而是属于整个地区。因此，无论谁酿造葡萄酒，其总体风味及其葡萄都必须保持一致。如果酿酒师希望尝试没被授权的葡萄品种，他生产的葡萄酒就只能简单地称为"vin de France"，也就是"法国葡萄酒"。举个极端的例子，如果某个傻瓜想在罗曼尼·康帝园种植赤霞珠，那么这种葡萄酒就只能叫"法国葡萄酒"，因为它没有满足所有最高贵葡萄园名称的法律要求。意大利的原产地保护名称被称为 DOC，是法定产区 Denominazione di Origine Controllata 的简称。比 DOC 更高水平的级别是 DOCG，它是 Denominazione di Origine Controllata Garantita 的简称，也就是优质法定产区。意大利仅有 73 个 DOCG 产区，其中蒙塔奇诺布鲁奈罗（Brunello di Montalcino）和巴巴莱斯科（Barbaresco），都只允许使用单一葡萄品种（分别是桑娇维塞和内比奥罗）酿酒，并且需要长时间的陈酿。美国有自己的法律，称为美国葡萄栽培区（AVA）系统。各州也有各自的 AVA 法，例如，如果你在标签上标注"California"（加利福尼亚），那么所有使用的葡萄原料都必须来自加利福尼亚，而其他州的要求只要 85% 的原料来自本州即可。

虽然有各种限制，但葡萄酒法的积极作用还是很大的。没有它，卖假酒可就容易多了。事实上，相当长时间里，美国葡萄酒生产商都假冒使用欧洲产地名称，比如勃艮第、夏布利和波特等。直到 2006 年，欧盟和美国终于达成了一项贸易协议，禁止这些名字在欧洲以外的地区使用，这意味着我们极为幸运地再也不会见到"密苏里摩泽尔"或"加州基安蒂葡萄酒"了。

更好的博若莱诞生

里根总统通过了一项大幅削减儿童营养经费的预算，之后匆忙制定的新膳食指南将番茄酱列为学校午餐计划中的蔬菜。在遭到强烈反对后，政府中的一些人声称这是一个疏忽，里根撤回了提案。

随着 IBM 进军个人电脑领域，家用电脑时代正式到来。

毛里塔尼亚（Mauritania）成为世界上最后一个废除奴隶制的国家。

1981

20 世纪 80 年代初，葡萄酒消费者仍然认为波尔多、香槟和波特是"好"葡萄酒，当他们不那么在意时，会一箱一箱地喝劣质葡萄酒。其他地方也在酿造好酒，却似乎没有人关心。此时，勃艮第正在酿造"好"酒，但它们还没有收藏价值；巴罗洛正处于鼎盛时期，但很少有人注意到。2010 年以前，博若莱一直被认为是一个偏远产区，因此，当博若莱的一些酿酒商于 20 世纪 80 年代开始着手提高它的声誉时，它将有一次大胆的飞跃，值得我们给予掌声。你好，博若莱。

博若莱位于勃艮第和北罗纳河谷之间，紧邻法国美食圣地里昂。也就是说，它本应该是一个尊重品质的地方。相反，它却成了以最快、最多汁的方式酿造红葡萄酒的产区，博若莱使用工业酵母和其他成分进行快速发酵，将果汁迅速转化为酒精。这种风格被称为博若莱新酒，它相当于吃"电视餐"时饮用的葡萄酒。

针对以上情况，第一个说"我们可以做得更好"的是马塞尔·拉皮埃尔（Marcel Lapierre），他于 1981 年成为有机农业的极早期推广者。除此之外，他还允许他的葡萄酒自然发酵，即通过环境空气发酵，而不是直接进入化学实验室，这一过程现在被认为是任何高品质葡萄酒的先决条件，他也是最早质疑过量使用硫化物的酿酒师之一。

为什么他会在 1981 年改变酿酒方法？

"因为我酿造的葡萄酒不能让我满意，而且我喜欢的其他地方的葡萄酒也不是用现代风格酿造的。"拉皮埃尔在 2004 年对著名杂志《饮食的艺术》说。"我只是在酿造我父亲和我祖父的葡萄酒，"他说，"但我正在努力让它变得更好一点。"当然，他做到了，他的酒确实品质更高。拉皮埃尔的葡萄酒颜色更深、味道更鲜美，他向世界展示了博若莱不仅仅生产新酒，也可以生产更加复杂和优质的葡萄酒。博若莱的其他酒商也注意到了这一点，从那时起，博若莱葡萄酒的质量就进入了快速上升的轨道。

SULF-N-PEPA：
葡萄酒中的硫

在过去三十年里，二氧化硫（SO_2）被妖魔化为喝酒后让人头痛的罪魁祸首，其实它是一种具有抗菌特性的、非常重要的抗氧化剂。几个世纪以来，它被添加到葡萄酒中作为防腐剂，是葡萄酒发酵必不可少的重要辅料。硫可以保持葡萄酒及其风味稳定，有助于在运输过程中保持新鲜（就像在干果和糖浆中一样）。在葡萄酒中，它还可以掩盖葡萄酒的质量问题或缺陷。但含硫量大时，它确实会改变葡萄酒的味道。我们可以把它想象成给牛排加盐，适量的盐可以让牛排变得更好，但是物极必反，加太多就会影响口感，甚至可能是危险的或有害的。在葡萄酒的酿造史上，任何一款顶级葡萄酒都或多或少含有一些硫化物，但今天的酿酒师们都在积极尝试尽可能地不用或少用硫。然而，不添加任何硫化物只是一个大胆的提议，除非葡萄酒很快被喝掉，或者能够长时间保持在恒定温度条件下。

赢家到底是谁

7月2日，卡车司机拉里·沃尔特斯（Larry Walters）由于视力不佳而无法成为一名飞行员，他将43个氢气气象气球绑在铝制躺椅上，在加利福尼亚州长滩上空16000英尺的高空翱翔。十四小时后，他刚一着陆，警察立即逮捕了他。当他被戴上手铐带走时，拉里告诉记者："一个人不能只是坐着。"

为了抗衡法棍面包取得的成功，打破其对面包市场的垄断，在意大利东北部的阿德里亚镇，磨坊主阿纳尔多·卡瓦拉里（Arnaldo Cavallari）发明了形状恰似拖鞋的恰巴塔面包（ciabatta）。

电影《E.T.》是未来十一年里票房最高的作品，而同年发布的电子游戏《E.T.》则被称为有史以来最糟糕的电子游戏。游戏制造商雅达利在新墨西哥州的一个垃圾填埋场秘密销毁了数千个游戏卡带。

1982

关于罗伯特·帕克（Robert Parker）与波尔多1982年份葡萄酒的新闻报道算是病毒式传播内容的天花板。帕克是葡萄酒品鉴积分制的创造者，据说当他在巴尔的摩的办公桌上大喊这些就是本世纪的葡萄酒时，他彻底改变了葡萄酒市场。在美国，葡萄酒似乎一夜之间变成了一种大众奢侈品，葡萄酒开始成为一种身份象征，生产商、产区和年份成为财富和颓废的标志。而木桐是这个被炒作或者被过度炒作的年份里最具代表性的葡萄酒。

木桐酒庄是波尔多最受尊敬的酒庄之一，在其佳酿清单上，1982年份的排名并不靠前，但它的名气却名列前茅。

为什么1982年这么出名呢？这还得从那一年的天气说起，1982年的夏季异常炎热，风调雨顺，收成很好。由此酿出的葡萄酒具有整个前十年任何年份都没有的力量和浓度。这种转变和新鲜感让帕克这样的新锐评论家有了谈论的话题，他也突然变得很有影响力。1982与1947年份非常相似，直到那时为止，1947一直是波尔多本世纪的最佳年份。1982年份的木桐大胆而令人印象深刻，其口味适合新兴消费者，具有简单美味而不是过于复杂的美感。由于帕克按下了炒作的启动键，再加上新一轮消费者的推动，1982年成为过去半个世纪中最昂贵的波尔多年份之一，它后来也一直是。

尽管木桐始终占据着人们的关注焦点，但波尔多1982年份的年度葡萄酒却是花堡酒庄（Château Lafleur）。花堡酒庄与左岸的名庄们隔河相望，长期以来一直被视为盛产优质、奢华葡萄酒和财富聚集之地。另一方面，当时右岸葡萄酒在价格和数量上都更加平易近人。与木桐酒庄相比，花堡酒庄只是一家夫妻店，总产量还不到木桐酒庄的十分之一。但在1982年，规模并不重要，1982年的花堡由美乐与味道鲜美的品丽珠混酿而成，被业内人士视为该年份波尔多葡萄酒中的佼佼者。

木桐的酒标

即使在今天，只要1982年份的木桐一出现在餐桌上，一定会吸引所有人的目光，这不仅仅是因为其闻名世界的声誉，其浅蓝色的标签几乎和葡萄酒本身一样出名。这幅水彩画由约翰·休斯顿（John Huston）操刀，他因《马耳他之鹰》的电影制作人而闻名，描绘了一只公羊在阳光和葡萄之间优雅地跳跃。这种高级的艺术标签传统可以追溯到1924年，当时木桐酒庄用让·卡鲁（Jean Carlu）的立体派设计来装饰他们的葡萄酒，夏加尔（Chagall）、米罗（Miró）、毕加索（Picasso）、培根（Bacon）、达利（Dalí）、巴尔蒂斯（Balthus）、昆斯（Koons）和里希特（Richter）都是卢浮宫推崇的名字，您可以在世界各地的酒窖中找到他们的作品。

当迟到成为一件好事

聚合酶链式反应（PCR，可用于核酸检测）这个术语是由生物化学家卡里·穆利斯（Kary Mullis）发明的，现在永远与鼻拭子和国积卫生纸联系在了一起。在春天的一个晚上，他与女友驾车前往乡下度周末，当他正在蜿蜒的公路上驾驶时，PCR 浮现在他脑海。

全球定位系统（GPS）最初是为美国军方设计的，在韩国一架民用飞机因意外误入苏联领空而被击落之后，为防止更多悲剧发生，它被解密并公开。

苏联军官斯坦尼斯拉夫·彼得罗夫（Stanislav Petrov）正确地识别出一枚美国导弹发射的警报为误报，从而避免了一场核战争的发生。

1983

阿尔萨斯是法国东部的一个地区，以鹅肝、香肠和德国泡菜而闻名。除了阿尔萨斯的白葡萄酒之外，没有什么能与这些美食完美搭配，尤其是那些用雷司令葡萄酿制的富含蜂蜜和花香的葡萄酒。人们普遍认为雷司令甜得令人腻歪，这样的看法对也不对，大部分雷司令葡萄酒含糖量并不高，甚至有些味道超级清爽。酿造此类葡萄酒的大师是婷芭克家族及其单一园圣栀楼园（Clos Sainte Hune）。

年复一年，他们的雷司令葡萄酒成为世界上最好、收藏最多的雷司令葡萄酒之一，以其一致性和精确性而闻名。然而，1983 年，婷芭克家族转而酿造一款具有相同血统但风味不同的葡萄酒。那一年，婷芭克家族首次用晚收葡萄装瓶了圣栀楼园，这种风格被称为"迟采葡萄酒"（vendange tardive）。采收季到来之后，他们把葡萄园的一小部分葡萄多留了一个月，以期产出更浓郁、味道更甜和颜色更深的葡萄。当白葡萄成熟时间较长时，就会产生像苏玳（Sauternes）这样的甜葡萄酒，高含糖量确保葡萄酒具有更好的陈年潜力。但是，1983 年份的圣栀楼园当然不是甜葡萄酒，但迟采确实提供了一种独特的微妙甜味，后来它也被认为是勃艮第以外最好的白葡萄酒之一。自那以后，婷芭克家族只在 1989 年推出过一次这种略带甜味的旗舰葡萄酒。

如果说圣栀楼园是以其尖锐和清脆而自豪，那么皮埃尔·欧文诺伊（Pierre Overnoy）酒庄的葡萄酒则狂野而圆润，两者有着天壤之别，难以比拟。虽然它们差异巨大，但都在 1983 年脱颖而出。1968 年，欧文诺伊接管了家族在法国汝拉产区的葡萄酒庄园，他也成为自然葡萄酒的早期先驱。如今，汝拉产区是世界上最卓越的白葡萄酒的产地之一。在汝拉，没有人比欧文诺伊的名气更大。他的酿酒风格被称为氧化：与切开后变成棕色的鳄梨一样，白葡萄酒也会变成棕色。氧化通常被认为是酿酒师的失败，但在汝拉地区，特别是在该产区的黄葡萄酒（vin jaune，也称汝拉黄酒）的酿制中，这是有意为之的。在暴露于氧气的情况下，葡萄酒的风味从柑橘和新鲜水果味转变为烤坚果和洋甘菊茶味。味道更接近雪利酒而不是经典的白葡萄酒。1983 年，欧文诺伊发布了一款黄葡萄酒，至今仍被广泛认为是有史以来最好的葡萄酒之一。与婷芭克家族的迟采葡萄酒类似，黄葡萄酒只有在葡萄可以晚些收获的年份才会酿造，这使得酿出的葡萄酒酒体更宏大、厚重，具有更浓郁的风味。

黑皮诺一路向西

俄罗斯计算机程序员阿列克谢·帕基特诺夫（Alexey Pajitnov）在玩过一个拼图游戏之后受到启发，两周内创作完成了俄罗斯方块的游戏。

英国遗传学家亚历克·杰弗里斯（Alec Jeffreys）发现，人与人之间的DNA的差异不大，但在DNA序列的某些区域，存在一些会重复的序列，而每个人重复的次数是不同的。9月10日，成功开发出的第一个DNA指纹技术证明这项发现是正确的。1987年，该技术被用于破解一起刑事案件。

中国和英国签署《中英联合声明》，中国决定于1997年7月1日对香港恢复行使主权。

1984

今天，法国以外最好的法式黑皮诺生产商是：

- 施语花酒庄（Bodega Chacra，阿根廷）
- 法伊拉酒庄（Failla，加利福尼亚州）
- 利托雷酒庄
  （Littorai Wines，加利福尼亚州）
- 柏雷斯奎雷酒业
  （Presqu' ile Winery，加利福尼亚州）
- 莱斯庄园
  （Rhys Vineyards，加利福尼亚州）
- 泰勒酒庄（加利福尼亚州）

黑皮诺起源于法国的勃艮第，但这种葡萄已遍布全球。从阿根廷到新西兰，从德国到加拿大，您都可以找到酿造精良的黑皮诺，也许其最受重视的新产地是美国西海岸的加州。勃艮第红葡萄酒（或法国黑皮诺）因酸度过高和泥土味过重，而受到忠实的加州（葡萄酒）爱好者的厌恶，如勃艮第的亨利高葡萄酒（Henri Gouges）。但即使是最受好评的加州黑皮诺，比如索诺玛的吉斯特勒（Kistler）酒庄和马尔卡森（Marcassin）酒庄所生产的富有挑衅风格的黑皮诺，当它表现出口感柔软、果香浓郁、带有橡木味风格时，也会受到欧洲最精明消费者的排斥。加州中部的一些葡萄酒既具有加州草莓和梅子的香味，又具有更法国式的清爽、温和的味道。但勃艮第爱好者和加州爱好者之间的紧张气氛就像扬基队和红袜队的竞争一样。

不过，还得再说句实话，加州的大多数黑皮诺酿酒师都在努力打造勃艮第风格。他们采用了相似的标签设计和瓶子形状，他们聘请勃艮第的著名酿酒师做顾问。在他们的营销文案中，首先谈到的通常是"我们的目标是勃艮第风格"。对于这样的说法，有的葡萄酒的品质确实如此，但更多的只是一种推销手段。1978年左右，卡勒拉葡萄酒公司（Calera Wine Company）的乔希·詹森（Josh Jensen）是最早做出转变的人之一，接着是赫西（Hirsch）酒庄、奥邦酒庄（Au Bon Climat），以及加州有史以来第一款售价100美元的黑皮诺的生产商威廉斯乐姆（Williams Selyem）酒庄，威廉斯乐姆酒庄位于索诺玛海岸。最初，伯特·威廉姆斯（Burt Williams）和埃德·塞利姆（Ed Selyem）将他们的酒庄命名为哈希亚达·德尔·里约（Hacienda del Rio），但1984年他们被索诺玛另一家名为哈希亚达（Hacienda）的酒庄起诉，遂将其改为威廉斯乐姆（Williams Selyem）。自1984年起，他们开始酿造美国最好的黑皮诺。1998年，威廉斯乐姆酒庄被商人约翰·戴森（John Dyson）收购。20世纪80年代中期到90年代末的威廉斯乐姆黑皮诺被怀旧人士视为有史以来最像勃艮第的葡萄酒。在此期间，气候变化尚未导致黑皮诺的酒体变得那么笨拙丰满，酒精含量也没有那么高。因此，它们仍然保持着令人垂涎的化学成分，并随着时间的推移而缓慢地陈年。许多加州黑皮诺缺乏独特的个性，它们富含简单的果味或者像果酱一般。但威廉斯乐姆的魔力却是独一无二的，它的灵感来自法国，始于1984年，与加州大规模生产的葡萄酒在质量上当然大相径庭。

加州邻居:
俄勒冈黑皮诺

美国西海岸俄勒冈州的黑皮诺同样出名，特别是威拉米特山谷，它被认为是当地葡萄的产物，而不是实验性努力的成果。也许你听说过俄勒冈州和勃艮第的气候几乎相同，但俄勒冈州不是勃艮第，就像艾米丽不是巴黎人一样。它们的特点确实非常接近，都拥有保持葡萄新鲜度的理想环境。

威拉米特山谷的优质葡萄酒不仅是美国葡萄酒的典范，也是黑皮诺葡萄酒的典范。俄勒冈州顶级黑皮诺生产商包括安蒂卡特拉（Antica Terra）酒庄、夜地酒庄（Evening Land Vineyards）和沃尔特·斯科特（Walter Scott）酒庄。

我认识你的时候

英国南极调查局的科学家在臭氧层中发现了一个洞。

长岛的卡梅拉·维塔莱（Carmela Vitale）获得了塑料"包装保护器"专利，它是一种塑料"小桌子"，有的是三角形的，也有圆形的，它的作用是防止比萨和包装盒粘在一起，从而改变了比萨外卖的现状。但实际上在十一年前布宜诺斯艾利斯的克劳迪奥·丹尼尔·特罗利亚（Claudio Daniel Troglia）就发明了同样的东西。至于卡梅拉·维塔莱是否知道这件事，我们就永远无法知道了。

7月13日，名为"拯救生命"（Live Aid）的大型摇滚乐演唱会在英国伦敦和美国费城同时举行，在短短十周内，近20亿人收看，为埃塞俄比亚饥荒筹集了超过1.25亿美元的救济款。

1985

1985年是"到处都很棒"的年份之一。天气温暖而稳定，与上一年相比，这是一个可喜的变化——上一年由于收获月份的大降雨和洪水，这一年的欧洲年份酒通常会被跳过或被遗忘。放眼1985年的法国的罗纳河谷和勃艮第，好消息和坏消息彼此转换，好消息是吉佳乐（Guigal）酒庄和彭寿（Ponsot）酒庄都产出了各自产区最好的葡萄酒：罗纳河谷的罗第丘（Côte-Rôtie）酒和勃艮第的洛奇园（Clos de la Roche）酒。但坏消息是，1985年是这些生产商最后的伟大年份。

吉佳乐酒庄是全球最受欢迎的西拉葡萄酒生产商之一。几十年来，他们一直在酿造高品质葡萄酒，在20世纪60年代和70年代他们取得了许多备受瞩目的成就。1985年，他们生产了三款"LaLaLa"葡萄酒，分别是拉慕林（La Mouline）、拉兰德（La Landonne）和杜克（La Turque），其中杜克是在当年首次面世的。由于橡木处理较轻，使西拉葡萄的微妙之处得以凸显，这些葡萄酒受到的赞誉不断，并被收藏家追捧。事实上，"LaLaLa"葡萄酒更像波尔多葡萄酒，而不像勃艮第葡萄酒，与1985年的波尔多名酒一样，它们品质也会随着年龄的增长而不断爬升。20世纪80年代的吉佳乐纯正风格的老西拉尝起来像薰衣草、新鲜的黑胡椒，还有你吃过的最美味的培根的味道。

从罗第丘沿A6公路向北一路行驶2小时就可以到达勃艮第的彭寿酒庄。彭寿酒庄的历史可以追溯到19世纪末。然而，像勃艮第的大多数酒庄一样，彭寿家族的名字直到20世纪30年代才出现在他们的葡萄酒标签上。20世纪80年代初，劳伦·彭寿（Laurent Ponsot）掌管酒庄。在此之前，彭寿酒庄一直被认为是非常好的酒庄，但并不是勃艮第的一流选手。关于劳伦这个人，每个人好像都能说上几句，而且大家的评价并非都是溢美之词。尽管如此，大家都一致认为他是一个特立独行的思想者，这在葡萄酒界并不总是件好事。从劳伦手中诞生的葡萄酒年份，包括从1983年的第一个年份到2017年的最后一个年份（当年他宣布"立即"离开家族企业），由于他个人的奇思妙想和不断的试验，各年份之间变化很大。但在酿造1985年的彭寿时，劳伦没有像随后的年份那样信马由缰，他有效利用了老藤、理想的天气和成熟的葡萄原料酿造出了一款浓郁、朴实、颓废的葡萄酒。1985年的洛奇园绝对是彭寿酒庄这个品牌的巅峰之作，这一年的葡萄酒纯净、精确，并且受到广泛赞誉，要知道今天大家对劳伦的溢美之词并不多。

塞洛斯的起点

加州胡萝卜种植者迈克·尤罗塞克（Mike Yurosek）为了销售那些破损和畸形的胡萝卜，想到了一个点子：把胡萝卜切成小的、统一的、完美的样子来卖，于是"婴儿切"胡萝卜诞生了。胡萝卜的销量一年内增加了 30%。

发现泰坦尼克号残骸九个月后，伍兹霍尔海洋研究所的一个团队返回，将其拍摄成电影。

4 月 26 日，切尔诺贝利核电站发生爆炸。这是历史上最严重的核灾难，爆炸释放的辐射量是投在广岛和长崎的原子弹总和的两百倍以上。

1986

20 世纪 80 年代，对于酿酒师安塞勒姆·塞洛斯（Anselme Selosse）来说，要想在香槟领域获得唐·培里侬或路易王妃水晶（Louis Roederer Cristal）的知名度是不可能的，而他的意图也从来都不是打造一个全球奢侈品品牌。但不可否认的是，塞洛斯对香槟业的影响是巨大的，他发起了香槟种植者运动。从本质上看，起泡葡萄酒相当于啤酒行业里小型啤酒厂生产的精酿啤酒。与大多数小型独立企业主一样，塞洛斯痴迷于新观点和关注细节，而不是吸引大众市场的眼光。在这种"作"的经营思维指导下，塞洛斯风格的葡萄酒根本不受大众市场的欢迎。有的人认为他的葡萄酒是所有香槟中最独特的，还有不少人则认为它们太前卫，甚至是有缺陷的。

塞洛斯已经推出了十几款葡萄酒，但其中 1986 推出的名为"实质（Substance）"的香槟比其他任何一款酒都更能定义他的风格，这也是塞洛斯最著名的一款葡萄酒。"实质"是一种以霞多丽为基础的香槟，采用索莱拉（Solera）系统对 20 个不同年份的葡萄混酿而成。索莱拉技术起源于西班牙雪利酒产区（参见第 20 页）。塞洛斯的想法是，这种混合可以最终表达葡萄园及其潜力，展示其一生中发生的好、伟大、坏和糟糕的年份。

1986 年诞生的"实质"香槟，并不适合餐前饮用，也不适合与炸鸡搭配（传统的香槟配炸鸡效果出人意料地好），它与白中白香槟（Blanc de Blanc）正好相反，白中白是一种用 100% 的霞多丽酿造的香槟，人们打开一瓶起泡酒时最期待的就是这种 100% 霞多丽香槟。通过混合年份酒和延长其与氧气接触的时间，使香槟具有坚果味、茶味和圆润的口感。

无论你喜欢与否，你都无法否认塞洛斯自 1986 年开始的事业所产生的影响，尤其是他曾指导过香槟产区的一些年轻的明星酿酒师，如夏托涅 - 泰莱（Chartogne-Taillet）、杰罗姆·普雷沃斯特（Jérôme Prévost）和尤利西斯·科林（Ulysse Collin）都曾在他的指导下工作。他们的葡萄酒不一定反映他的酿酒风格，但他们都体现了他对香槟从葡萄园到装瓶各环节工艺的忠诚，无论他们是否采用索莱拉系统。

相信我：
进口商最懂

问侍酒师如何根据标签判断葡萄酒的好坏，就像问调皮的小孩为什么要在兄弟姐妹身上涂花生酱一样。他们可以回答问题，但你却不一定知道如何处理这些信息。

也就是说，在原产地以外的任何一瓶酒上，都可以找到一个可靠的有启发性的信息，那就是进口商的名字。进口商通常专注于某个国家或某种风格的葡萄酒。他们从酒庄、生产商或酒商那里采购，他们的选择体现了贯穿始终的酿酒理念和质量标准。一些进口商对今天的葡萄酒市场面貌产生了重要影响，即使这些进口商已经不存在了或者不再做葡萄酒贸易了，他们的影响仍然存在。还有一些人继续从偏远地区或新兴生产商那里发现葡萄酒，然后将这些美酒提供给餐厅和零售商。最好的进口商是好品位的代理人，你可以相信那些好酒会带领你进入未知的世界。

法国葡萄酒

- 赛瑞塔斯（Ceritas）酒庄
- 赫兹（Hirsch）酒庄
- 里欧克（Lioco）酒庄
- 马西亚森（Matthiasson）酒庄
- 沙山酒庄（Sandhi Wines）
- 泰勒酒庄（Tyler Winery）

意大利葡萄酒

- 奥利弗·麦克鲁姆（Oliver McCrum）
- 保拉纳精选（Polaner Selections）
- 稀有葡萄酒有限公司（The Rare Wine Co.）
- 罗森塔尔酒商（Rosenthal Wine Merchant）
- 传统进口公司（Tradizione Imports）

天然酒

- 何塞·帕斯特精选（José Pastor Selections）
- 路易斯／德莱斯纳精选
  （Louis / Dressner Selections）
- 马莎乐精选（Selection Massale）
- 泽夫·罗文精选（Zev Rovine Selections）

香槟酒

- 特级园精选（Grand Cru Selections）
- 克米特·林奇（Kermit Lynch）
- 保拉纳精选（Polaner Selections）
- 斯库尼克葡萄酒及烈酒公司
  （Skurnik Wines & Spirits）

德国葡萄酒

- 苏塞克斯酒商（Sussex Wine Merchants）
- 沃姆·博登（Vom Boden）

终结的开始

物理学家尼古拉斯·库尔蒂（Nicholas Kurti）和化学家赫维·蒂斯（Hervé This）发明了"分子料理"（molecular gastronomy）一词，用来描述关于烹饪的科学研究。这无意中导致了用餐时泡沫（烟雾）过多。

由于近十年来饮食文化对脂肪的歧视，低脂奶和脱脂奶的销量首次超过了全脂奶。

宾夕法尼亚州锡林斯格罗夫（Selinsgrove）创造了最长香蕉圣代的世界纪录。它长达 4.55 英里，由 33000 根香蕉和 2500 加仑冰激凌制成。在接下来的 29 年里，它一直保持着这一纪录，直到澳大利亚因尼斯费尔的居民在庆祝家乡从热带气旋中恢复过来时，才打破了这一纪录。

1988

体育运动有过几个伟大时代。21 世纪初的网坛属于威廉姆斯姐妹；20 世纪 90 年代的篮球场属于芝加哥公牛队；20 世纪 80 年代的冰球场美国独领风骚。这样的例子不胜枚举。与之完全不同的是，葡萄酒的每个时代都很短，因为葡萄酒产区气候宜人，酿酒师技术精湛，能很快创造一个新的时代明星。从 1988 年到 1991 年，是法国罗纳河谷的辉煌时刻。

罗纳河谷沿着罗纳河从最北端的罗第丘一直延伸到科尔纳斯，自北向南先是北罗纳河谷，然后是南罗纳河谷。南罗纳河谷是一个更大的地区，以其次产区教皇新堡而闻名。其实，直到 20 世纪 80 年代末，罗纳河谷的葡萄酒生产商依旧像是另一个时代的遗迹。与 20 世纪 90 年代初蓬勃发展的现代酿酒技术相比，罗纳河谷的生产商更像是小农经济，他们在自家的葡萄园中酿造葡萄酒，就像他们几代人一直以来所做的那样。他们的方法简单而纯粹，不使用新橡木桶，也不打算将味道从咸味向甜味转变。

但乡土风格与"酷"恰恰相反，所以随着时间的推移，一些当地的酒庄改变了酿酒方式，他们试图在国际市场上站稳脚跟。其他人则任由其陷入颓势，比如马吕斯·根塔兹（Marius Gentaz）酒庄、诺埃尔·维塞特（Noël Verset）酒庄和雷蒙德·特罗拉特（Raymond Trollat）酒庄。在这三个例子中，酒庄的同名创始人都去世了，留下了他们的葡萄酒和死后的名声，但他们的低技术含量的酒庄却没有继任者，只是事后收藏家才开始意识到失去了什么。已关掉的三家酒庄每家都被认为是各自产区：罗第丘（Côte-Rôtie）、科尔纳斯（Cornas）和圣约瑟夫（Saint-Joseph）地区的标杆。在罗纳河谷，1988 年至 1991 年的年份葡萄酒现在是最昂贵的。坦率地说，有些东西比其他东西更值得付出代价，但稀缺性就是其存在的理由。按照今天的消费速度，这些罗纳男孩们的作品不会存在太久。尽管我们已经承认自己的错误方式，但要回到传统方法并恢复 20 世纪 80 年代末的魔力为时已晚，尤其是因为天气变暖无法逆转。

这种说法在教皇新堡最为明显，那里的气候现在接近地中海。尽管自古以来这里就是葡萄种植区（该地区因 1309 年众多罗马教皇迁入而得名），还是第一个法国 AOC 产区，但直到 20 世纪 90 年代，它才在法国以外的地区家喻户晓。就像你的朋友，他超越了个人界限，只是教皇新堡的变化太大了。从 1988 年开始的四年里，最少人为干预的理念和天气赋予的机会，共同造就了整个地区精致、平衡的教皇新堡葡萄酒。

然而不幸的是，这种葡萄酒风格就像该产区的乡村哲学一样，遇到了与时尚脱节的厄运。教皇新堡的生产者放弃了本该坚持的东西，转向了非常流行的高酒精度葡萄酒和波特风格葡萄酒。这是一个商业上的明智举动，大家酿出了大酒、有力量的酒，加上异想天开的名字，以及使用了更华丽的橡木桶陈酿方法，迎合了市场需求。突然，到了 20 世纪 90 年代，教皇新堡不再是一款葡萄酒，而是一个品牌，这时候代价就很大了。即使钟摆重新转向更细致的葡萄酒，但对于该地区的大多数酒庄来说，已经太晚了。随着气候越来越热，教皇新堡的主要葡萄品种歌海娜品质越来越差（就像在好市多超市可以免费品尝的、外表裹着草莓酱的朗姆酒味儿巧克力）。

值得庆幸的是，在这场巨大损失中也有一些例外。自该产区进入鼎盛时期以来，臭名昭著和商业成功就像是跷跷板的两端，彼此互相施压。教皇新堡的哈雅丝酒庄（Château Rayas）和北部科尔纳斯的奥古斯特·克拉帕酒庄（Domaine Auguste Clape）等生产商仍然没有动摇 20 世纪 80 年代末的理念。哈雅丝酒庄的伟大超越了它所在的地区和它的葡萄品种。令人惊讶的是，在当今的气候下，他们仍然能够用 100% 歌海娜酿造出他们所熟知的细腻、辛辣和浅红色的葡萄酒。哈雅丝酒庄的一个秘密是他们对葡萄酒绝少干预，但更重要的是，他们的葡萄园干燥的沙质土壤所出产的葡萄，适合酿造细致优雅的歌海娜，而不是夸张的歌海娜。在市场上如海洋般的教皇新堡葡萄酒里，只能找到几款像哈雅丝这样浮出水面的好酒，它是法国最好的葡萄酒之一，当然也是南罗纳河谷的超级明星。

如果您闻到
奥比昂烹饪食物的味道

柏林墙倒塌了，冰岛长达 74 年的啤酒禁令也到此解除。

一名鱼类经销商说服美国食品药品监督管理局（FDA）允许进口河豚，这是一种有毒的河鱼，其毒素当时没有确定的解毒剂。

在欧洲核子研究组织（CERN）粒子物理实验室工作的计算机科学家蒂姆·伯纳斯·李（Tim Berners-Lee），撰写了一篇提案文件，这份文件成为今天万维网的蓝图。他的经理称他的提议"含糊但令人兴奋"，事实证明这是对互联网的相当准确的总结。

1989

在"巨石"强森成为电影明星之前，他是一名职业摔跤手，被世界职业摔角联盟开除后进入演艺圈，成为一名演员。不可否认的是，他是少数在这两项事业上都表现极为出色的人之一。同样，只有少数酿酒师能同时酿造出出色的红葡萄酒和白葡萄酒。大多数酿酒师都只会尝试开发其他颜色的葡萄酒，但这种尝试很少能达到他们用主要葡萄品种获得的成功。酿造红葡萄酒和白葡萄酒是两种不同的技能，因为发酵和橡木桶陈酿的技术差别很大。

奥比昂酒庄是波尔多格拉夫产区最有名的酒庄，这种知名度已经延续数百年而且从未改变（见第 59 页）。很多人认为，奥比昂酒庄的 1989 年份是酒庄有史以来最好的年份之一。但客观地说，1989 年份酒确实是这个酒庄四百多年历史中名列前茅的酒款。最主要的原因是，1989 年份的奥比昂酒庄红葡萄酒和白葡萄酒堪称双绝！均跻身波尔多 1989 年份各自类别的最佳葡萄酒之列。

你可能会认为，如果某一年是红葡萄酒的大年，那么这一年的白葡萄酒也肯定很棒。但事实并非总是如此。白葡萄品种几乎总是比红葡萄更早成熟，需要早几天采摘。采摘开始前的最后几周往往是最让人揪心、睡不好觉的一段时间。只要这几天老天爷不配合，来一场突如其来的暴雨，就能让之前所有的风调雨顺化为泡影，从大家无比期盼的辉煌年份演变为让人咬牙切齿的遗憾。只有天气稳定，且在葡萄生长季节结束时都保持最佳状态，白葡萄的大年才会成为红葡萄的好年份。1989 年的格拉夫正是如此，由此诞生的奥比昂白葡萄酒和红葡萄酒都获得了评论家的满分，而且经得起长时间的陈年。

Part Three

The Reign of Points
(1990 to 2008)

第三部分

评分时代
〔从 1990 年到 2008 年〕

自从智能手机及各种社交媒体肆虐我们的闲暇时光，我们的注意力就快速下降到 10 秒以下。但是，在这之前，人们更喜欢阅读报纸、杂志等纸媒。在葡萄酒领域，也有一个特别著名的纸媒，它就是《葡萄酒倡导者》(Wine Advocate)。1978 年，职业律师罗伯特·帕克 (Robert Parker) 创办了《葡萄酒倡导者》。帕克是美国第一位闻名世界的葡萄酒专家，他发明了葡萄酒的 100 分评分制，通过他设计的模板，再经过简单计算，就可以判断一款酒的好坏。帕克曾说："我们 (《葡萄酒倡导者》) 对很多葡萄酒抱有很高的敬意。"关于葡萄酒的偏好，他也是一个始终如一的人，帕克认可高品质葡萄酒或者优秀年份葡萄酒，几乎一定是一款颜色深到沾染牙齿的红葡萄酒，酒精度至少高达 14.5%，需要在新橡木桶中陈酿，并要带有巧克力、李子、香料和烘烤的味道。如此归类，他好像需要的是一个又软又糯、热乎乎的圣代冰激凌。不管你是否喜欢这种风格，但看到那些古老死板的葡萄酒分类体系对葡萄酒品质的束缚，被帕克这么一个简单的想法打破，真是令人惊奇不已。勃艮第分级是根据葡萄园对葡萄酒进行分类，而波尔多则是根据酒庄及其对应的价格对葡萄酒进行分类。而帕克说："我只根据口味对葡萄酒进行分类，其他复杂的东西跟我的感觉无关。"也就是说，客观与否已经不是这个游戏的关键了。

正如《赢家到底是谁》篇章所述，罗伯特·帕克的成名得益于他对 1982 年波尔多葡萄酒的正确判断，以及他对这个年份的溢美之词。但他创造的给葡萄酒进行打分和品评的系统，却始于 1990 年。这套评分系统诞生后，帕克对全球葡萄酒价格的影响变得势不可挡。今天的葡萄酒消费者都应尊重帕克的贡献并肯定他的成就，因为他的评分体系至今仍广泛使用。但这套系统也有缺点，它没有充分考虑随着时间的推移，葡萄酒会发生的诸多变化。在很多情况下，年轻时表现平平的葡萄酒，经过若干年的陈酿后也可能会发展成为顶级佳酿，这与高中时代的学渣毕业后也可能成为商业领袖是一个道理。但，很少有葡萄酒会被重新评分，即使重新评分了，市场最看重的仍是最初的评分。

其实任何一个评论家都不是那么完美，但即便如此，葡萄酒评论家仍然很重要。给葡萄酒评分早已改变了葡萄酒营销的游戏规则，对于广大酒庄来说，获得高分是相当重要的。1985 年份的西施佳雅，获得了 100 分的评价，每瓶售价达到了惊人的 3000 美元一瓶，而 1984 年份和 1986 年份每瓶的售价却只有 500 美元。毫无疑问，1985 年份是更优秀的葡萄酒，但它的成本也无可争议地被夸大了。在大多数情况下，一旦成为高分葡萄酒，就永远是高分葡萄酒。20 世纪 90 年代和 21 世纪初，葡萄酒生产商为了新酒就能拿到高分，卖个好价格，在酿酒方式上开始迎合评论家的喜好，这种转变没有使得葡萄酒风格变得更好，相反很多都变得更糟糕了。

同样在这一时期，在波尔多和加州等较富裕的地区，出现了酿酒顾问市场。这些顾问指导各大酒庄和酒厂的酿酒师使用新工具、新方法，比如建议使用不同的酵母，在发酵过程中添加营养物质，对生产过程中的葡萄酒进行理化成分分析，等等，以确保它们达到预期的理想口味。酿酒顾问们手把手地教导希望成为顶级竞争者的新酒庄，其中，最著名的葡萄酒酿酒顾问是法国的米歇尔·罗兰（Michel Rolland）。老酒庄也不甘人后，聘请罗兰指导自己融合即将流行的口味。米歇尔·罗兰被誉为"飞行酿酒师"，他的足迹遍布全球，为 150 多家酒庄提供咨询。罗兰有一个配方，这个配方让他的葡萄酒达到一致的风格：果香突出、口感干净、酒体大胆。罗兰的建议无形中将葡萄酒转向帕克喜欢的口味，无论葡萄园的风土条件可以（也许是应该）生产什么，这一切并非巧合。

20 世纪 90 年代和 21 世纪初期是一个极端的时代。虽然一些葡萄酒可能会受益于使用新技术来应对早期全球变暖带来的令人惊讶的温度，但其他葡萄酒更多的还是受自然因素的影响。简而言之，由于新的想法与过去的标准发生冲突，再加上气候变化早期迹象的影响，这些年的许多葡萄酒味道都不确定，而少数保持冷静的葡萄酒却占了上风。

雍容华贵

1990

"Vignerons de père en fils depuis 1481" 可以翻译为：自 1481 年以来，世代相传的葡萄种植者。在葡萄酒标签上，这样的表述方式是相当大胆的，世界上能这样吹牛的不多，唯一能扛起这杆大旗的酒庄就是罗纳河谷的让 - 路易斯·沙夫酒庄（Domaine Jean-Louis Chave）。

作为埃米塔日山最老牌的地主，沙夫酿造了大量葡萄酒。他们的埃米塔日白葡萄酒和埃米塔日红葡萄酒都像地球上的葡萄酒杰出选手一样，具有长久的生命力和收藏价值。红葡萄酒是沙夫家族的旗舰葡萄酒，采用 100% 的西拉酿造而成，葡萄原料来自埃米塔日多个不同的地块。西拉是一种能酿造出"大酒"的深色葡萄，在沙夫手下，它展现出独特的优雅特性，并以其独特的黑胡椒和薰衣草风味而闻名天下。沙夫将独立地块的独特风味混合在一起，最终酿造出配得上家族卓越声誉的佳酿，并成为家族的标志。他们做这一切毫无压力。因此，沙夫家族决定在 1990 年发布一款特别的红葡萄酒，并不是为了追逐潮流，也不是为了利用这一具有里程碑意义的年份来挣钱。凯瑟琳特酿这款被大众所熟知的瓶装酒，只在特别的年份发布，那一年不同地块葡萄的混合能为埃米塔日的葡萄酒带来独特的变化。这款酒于 1990 年首次面世以来，至今仅酿造了 7 次，这在葡萄酒世界是极为罕见的。沙夫家族会根据品味和感觉来判断这一年是否出产凯瑟琳特酿或只酿造红葡萄酒。史无前例的 1990 年份酒让他们找到了一直在追寻的那种感觉。

如果说沙夫是罗纳河谷产区最古老的传奇，而蒂埃里·阿勒曼德（Thierry Allemand）则是最快成为传奇的人。1990 年，阿勒曼德家族的后生蒂埃里开始酿造以自己名字为品牌的葡萄酒。在此之前，他曾给著名酿酒师诺埃尔·维塞特（Noël Verset）当学徒，诺埃尔·维塞特与阿勒曼德一样，只钟情于科尔纳斯产区（Cornas，北罗纳河谷最南端的西拉产区），并把毕生的葡萄酒热情都奉献给了科尔纳斯。经典的科尔纳斯葡萄酒口感浓郁、酒体强劲、香气丰富、颜色厚重，大多数的葡萄酒都有这种特点。但是多亏了阿勒曼德，他以优雅、轻盈的方式处理葡萄，保持了葡萄酒精致平衡的口味。后来慢慢地，这种风格也被产区内年轻的酿酒师学习和接受。

宝宝变白了：北罗纳河谷白葡萄酒

北罗纳河谷产区盛产最好的红葡萄酒，这些葡萄酒都是驯化后的西拉酿造的，风格以优雅著称。这个地区也产白葡萄酒，不太常见但是极富特色，因富含浓郁的果香和水果糖的芬芳，甚至都可以加到空气清新剂里。这里要避坑的区域很多，但值得探索的好酒也委实非常特别，比如让 - 路易斯·沙夫酒庄的埃米塔日白葡萄酒以及格里叶酒庄（Chateau-Grillet）白葡萄酒。

沙夫酒庄的白葡萄酒由玛珊（Marsanne）和瑚珊（Roussanne）葡萄酿制而成，当它们年轻时，尝起来就像你在吮吸一瓶橄榄油，让你联想到是杏仁、杏和盐，而不是沙拉酱。随着时间的推移，时间跨度甚至可以长达一个世纪，它们依然能保持新鲜，香气逐渐演变成柑橘、豆蔻和香草的迷人芳香。当然，这种味道并不是所有人都那么喜欢。对于那些喝过夏布利、桑塞尔甚至勃艮第等更清新、更干的白葡萄酒的人来说，这可能会让人感到不舒服。但请相信，再过三十年后，埃米塔日白葡萄酒和优质法国奶酪将与乔治·克鲁尼（George Clooney）和艾莫·阿拉慕丁（Amal Alamuddin）两口子一样般配。

另一个值得注意的地方是孔德里约（Condrieu），这是一个面积不大的产区，而且只种植维欧尼（Viognier）这个葡萄品种。当维欧尼种植在肥沃的土壤上时，它会变得非常成熟、充满异国情调，甚至会出现肥皂的味道或者洗发水的味道。这里的白葡萄酒不便宜，而且品质像是开盲盒。孔德里约最著名的酒庄是格里叶酒庄，它最擅长酿造充满浓郁的花香且香气如同香水般的维欧尼葡萄酒，他们家的维欧尼葡萄酒绝对与众不同。格里叶酒庄的葡萄园面积不大，面积约为 10 英亩，每年仅生产大约 1 万瓶葡萄酒。维欧尼老藤生长在环绕酒庄的巨石悬崖上开凿的陡峭梯田之上，这种较轻的土壤使葡萄具有更细腻的风味。格里叶酒庄等同于最伟大的维欧尼葡萄酒，但又比维欧尼葡萄酒更加伟大。

勒桦家族的
生意之道

皇后乐队主唱弗雷迪·墨丘里（Freddie Mercury）向全世界透露并宣布自己的诊断结果一天后，因艾滋病并发症在伦敦与世长辞。

"黄色糖心"（Honeycrisp）被认为是第一个"品牌"苹果，是由明尼苏达大学园艺研究中心育种的。

12 月 26 日，苏联最高苏维埃共和国院举行最后一次会议，苏联正式解体，冷战正式结束。

1991

拉鲁·贝茨-勒桦（Lalou Bize-Leroy）出生于 1932 年，正是勃艮第葡萄酒业的"三至"期。1942 年，她的家族买下了罗曼尼·康帝酒庄一半的股权。此后，罗曼尼·康帝酒庄一直由迪沃·布洛谢（Duvault Blochet）家族和勒桦家族共同拥有。不过，在更早的 1868 年，勒桦家族就创建了酒商公司勒桦商社（Maison Leroy）。勒桦商社的商业模式是从不知名的农民那里购买成品酒，再以自己的名义出售，这种生意模式并不是勒桦独有，当地很多酒商都是这样操作的。一直到今天，这种"白标"模式依然存在，但没有人能像勒桦那样成功，能够把价格炒到天文数字。

1974 年，拉鲁进入到罗曼尼·康帝酒庄，与其父亲以及德维兰家族共同管理酒庄。但 1992 年她黯然离开，专注经营自己收购的葡萄酒庄园。其实，拉鲁完全可以啥也不干，单纯地"躺平"，从这些企业的所有权中收股息，就可以过上舒适的生活。但自 1988 年她决定自己酿酒开始，她就决心要酿出最好的酒。在收购了勃艮第的一些葡萄园后，她成立了勒桦酒庄（Domaine Leroy），以及奥维那酒庄（Domaine d'Auvenay，又叫后花园酒庄），其少数葡萄园主要生产白葡萄酒。尽管这个家族自己从未酿过酒，但拉鲁和其他人一样太了解勃艮第，这些知识几乎立即就帮助她取得了成功。

要说新诞生的勒桦葡萄酒哪一个年份可以占据统治地位，那就是 1991 年。这一年，勃艮第刚刚起步向有机葡萄酒迈进，拉鲁站在了最前沿，对外宣扬葡萄园的工作对于酿造优质葡萄酒至关重要。事实上，她的葡萄酒从第一天起就采用生物动力法种植。1991 年的天气不像 1990 年那样温暖而又充满力量，因此刚开始市场并没有接受，将勒桦推到了另一边（在葡萄酒界，一个受到高度赞扬的年份，后一个年份往往会因为前一年的巨大成功而被忽视，比如，被忽视的 1983 年的波尔多葡萄酒）。于是，1991 年份酒上市后因时机而受到了影响，但这些葡萄酒最终随着年龄的增长，慢慢获得了市场的认可并逐渐抢走了 1990 年份酒的风头。1991 年，勒桦酒庄最成功的红葡萄酒有：慕西尼、里奇堡、香贝丹和罗曼尼-圣维旺（Romanée-SaintVivant）。与糖度更高的 1990 年份酒相比，1991 年份葡萄酒在年轻时显得又酸又脆，这正是它们能够更加稳定成熟的原因。现在，1991 年份的勒桦葡萄酒价格几乎是 1990 年份的两倍。但它的品质是否翻倍了呢？其实不是。但是 1991 年份酒真的更好吗？是的，作为罗曼尼·康帝的操盘手勒桦家族比谁都更清楚这一点。只要有好酒，他们就知道生意该怎么做。为此，1991 年的酒也应该得到认可。

明星诞生

沙拉酱销量超过番茄酱，这在美国尚属首次。

乔治·H. W. 布什（George H. W. Bush）总统访问日本，在日本国宴上当众呕吐，并且还吐到了时任日本首相宫泽喜一身上。日本人创造了一个新词：Bushusuru，意思是"在公共场合呕吐"，或者更确切地说，"像布什一样呕吐"。

作家斯蒂芬·桑德海姆（Stephen Sondheim）和作家华莱士·斯特格纳（Wallace Stegner）拒绝获得国家艺术奖章，以抗议他们所认为的美国对艺术的审查制度。

1992

20世纪90年代初，当勒弗莱酒庄收购蒙哈榭特级葡萄园的一块土地时，勃艮第正在从曾经不起眼的产区向世界上每英亩价格最贵的葡萄园转变的过程之中。事后来看，这次收购是极为成功的，相当于在微软上市前一天你购买了其原始股。

当时的勒弗莱酒庄已经被认为是法国最杰出的白葡萄酒生产商之一。所以，这笔交易并没有辱没蒙哈榭特级葡萄园的"高贵血统"，对它来说反而是一个好消息。但安妮-克洛德·勒弗莱（Anne-Claude Leflaive）后来才在皮埃尔·莫雷的帮助下全权掌管家族的勒弗莱酒庄（参见第99页）。安妮不是酿酒师，但她痴迷于葡萄种植和农业。她掌管酒庄期间，改进了酒庄原本的传统种植法，将之转变为新潮的生物动力法，这让安妮成为勃艮第生物动力种植法的先行者。同时，她也乐于分享她的见解：尊重土地，才能有更好的葡萄酒。蒙哈榭是公认的许多有史以来最好的白葡萄酒的发源地，但你很难找到比勒弗莱的单桶葡萄酒（年生产量只有300瓶）更能表达这种特殊土壤的葡萄酒了。这些珍贵葡萄酒中的佼佼者之一是1992年份酒。由于当年致命的降雨，其他产区的葡萄酒黯然失色，但这款1992年份酒是勃艮第的一颗明星。

当勒弗莱在打造法国最具标志性的白葡萄酒时，简·菲利普斯（Jean Phillips）和海蒂·彼得森（Heidi Peterson）正在纳帕谷酿造美国最昂贵的红葡萄酒——啸鹰（Screaming Eagle）。这一年，两人的职业生涯才刚开始。简·菲利普斯是房地产经纪人，也许是出于职业敏感，也许是受流行风尚的影响，她购买了纳帕谷南端的一块葡萄园，她感觉这块地的潜力很大，它就是后来大名鼎鼎的啸鹰酒园。随后，简将已崭露头角的酿酒师海蒂带进了董事会。

1992年，由于罗伯特·帕克的影响，纳帕谷开始迎来新的繁荣。帕克可以改变酿酒师的人生，当他为啸鹰酒庄的首款葡萄酒打出99分时，他做到了这一点。自此，简·菲利普斯和海蒂·彼得森的人生发生了巨大变化。这款葡萄酒和其他更强大的葡萄酒迅速成为纳帕谷第三幕（喜剧的高潮和结局）的主角，他们追求奢华而不是微妙。啸鹰酒庄与纳帕谷的同行们通过提高葡萄的成熟度，使糖分水平高于过去。再使用新橡木桶进行陈酿，从而酿造出酒体更"大"（这里大，根据一些人的说法，也可以理解成"好"的意思）的葡萄酒。在当时，这样的组合是让人意想不到的。就像第一次品尝阿拉斯加烤饼一样，第一口的啸鹰让人瞠目结舌。它值这个价吗？不，但毫无疑问，让海蒂酿造好酒的意图是纯洁的。

月球周期和粪便：
生物动力葡萄酒

"生物动力法"是一个相当主流的术语，用于描述一套相当深奥的理念。这种类型的耕作既是一种农业实践，也是一种具有科学精神的哲学，它始于奥地利灵学家鲁道夫·斯坦纳（Rudolf Steiner）。1924年，为了应对当时盛行的化学农业，斯坦纳发表了一系列讲座，概述了他的观点：农场是一个有机体，农业实践应该保持平衡，与自然合作，而不是与之对抗。斯坦纳知道他的讲座只是一份初稿，他还有很多工作要做，但他还没来得及完善他的想法就去世了。这个未经打磨的系列讲座是今天生物动力法的圣经。

生物动力学农业的核心基础本质上与有机农业相同：不使用化学品，尽可能使用动物粪便代替工业肥料，并与生态系统合作抵御害虫而不是使用杀虫剂。它规定的一些做法（例如轮作和堆肥）非常有意义，并且自很久以前就一直是农业的关键组成部分。根据月球周期种植和收获也是一个非常古老的概念：在古代，当日历尚未标准化时，月亮提供了一种跟踪时间的方法，从而指示何时种植、何时除草、何时采收等。其他做法则更加疯狂，更倾向于神秘，涉及草药制剂、宇宙力量和边缘神秘学。比如，有一种牛角粪，预先准备好母牛的牛角，在每年的10月或11月将牛粪塞入牛角，再将牛角开口朝下，埋藏于坑中。埋藏4~6个月时间后方可使用。

斯坦纳通过深思和预见建立了他的理论，我们还没有看到任何关于生物动力法有效性的确凿科学研究。事实上，在最近的一篇论文中，种植专家认为，"生物动力制剂产生的任何效果都只是信念问题，而不是事实"。但葡萄酒庄园主声称，他们能够客观地区分有机种植的葡萄和生物动力种植的葡萄。这就是为什么，尽管生物动力法不是专门为葡萄酒创造的哲学，但葡萄酒行业比任何其他行业都更热情地采用了它。1969 年，阿尔萨斯的尤金·迈耶（Eugène Meyer）成为生物动力法第一批吃螃蟹的人之一，他因为农药喷雾损伤了视神经而对传统方法不再抱有幻想。这种做法随后蔓延到卢瓦尔河谷，向东传播到武弗雷，然后又到了勃艮第。安妮·克洛德·勒弗莱（Anne-Claude Leflaive）在勃艮第引领了生物动力法的风潮。目前，这个趋势比以往任何时候都大，美国拥有世界第三大生物动力酿酒厂，很可能未被公布的数字甚至比官方公布的要多很多，因为许多酒庄选择不去公开那些最神秘的操作。当你听路易王妃如何推广其生物动力法水晶香槟（Cristal，一个高贵、自命不凡、非嬉皮士的品牌）的时候，你就知道到底发生了什么事了。

加州之恋

由于担心狗可能将疾病传染给海豹，南极洲成为唯一禁止狗进入的大陆。

迈克尔·弗拉特利（Michael Flatley）携爱尔兰踢踏舞《大河之舞》（Riverdance）首次在当年的欧洲歌唱大赛上亮相。这场令人眼花缭乱的伟大剧作只是作为中场休息时的表演节目。

青鳉，也被称为日本稻鱼，成为第一批在太空交配的脊椎动物。

1994

许多伟大的发明与发现最终都笼罩在争议之中：谁是第一人？比如，微积分、电话，以及备受推崇的加州赤霞珠。对一些人来说，啸鹰是第一个成功"忽悠"他们像狂热地迷上披头士乐队一样迷上的葡萄酒品牌，在 1992 年去购买一瓶美国葡萄酒（见第 135 页）；但对另外一些人来说，却不是啸鹰，而是哈兰（Harlan）或是赛奎农（Sine Qua Non，也称 SQN）。

1990 年，哈兰酒庄推出了第一个年份酒，立即引起轰动。这个酒庄因其每年产量少、质量高，且一致性强而著称。凭借纳帕谷最好的葡萄园独有的力量和对葡萄酒孜孜不倦的追求，哈兰是法国收藏家的酒窖中为数不多的美国葡萄酒之一。对于大多数加州赤霞珠来说，1994 年是最好的一年：温和的天气条件塑造出的葡萄酒，既有现代风格的浓郁酒体，又具有传统名酒的鲜美风味。然而，在最初发布时，这个年份的哈兰葡萄酒没有被列入全明星阵容，一些人认为 1994 年份的哈兰酒既锋利又太轻。随着时间的流逝，1994 年份的哈兰葡萄酒已成为历史上的明星。

如果说哈兰是安静而勤奋的，那么赛奎农则恰恰相反。同年，来自奥地利的洛杉矶餐馆老板曼弗雷德·克兰克尔（Manfred Krankl）创办了喧闹、华丽的赛奎农酒庄。第一年，他用西拉酿造了四桶半（约 1500 瓶）红葡萄酒，并将其称为黑桃皇后。黑桃皇后证明了西海岸的葡萄品种不只有赤霞珠和霞多丽。除了西拉之外，歌海娜和慕合怀特等其他罗纳河谷葡萄品种也在洛杉矶附近文图拉县（Ventura）温暖、干旱的葡萄园中找到了家园。如果纳帕谷是向波尔多寻求灵感，那么这些葡萄酒则渴望复刻法国南罗纳河谷地区的富含果酱和草本味道的葡萄酒，比如教皇新堡（参见第 119 页）。但赛奎农根本没有试图效仿旧世界，克兰克尔对黑桃皇后的夸张介绍中就清楚地表明了这一点。直到 2021 年，他似乎对这种做法感到厌倦了，克兰克尔为每瓶酒都创造了一个新的名称并设计了一个新的标签。有些看起来像扑克牌，有些像性用品商店的玩具。克兰克尔完全不考虑从法国汲取灵感，但其直截了当的营销方式是美国最好的方式之一。从 1994 年的第一滴葡萄酒开始，每年的赛奎农都销售一空，而他们零售邮件列表上的买家要等待数年才能拿到货。在葡萄酒行业，一款罕见的葡萄酒，并带有抽象性标签，还被命名为"口技师"（Ventriloquist），品质却又极佳，这一切仿佛不太可能，但克兰克尔已经深谙此道，轻松拿捏了炫耀性、自然率性的同时，还能酿造出优质的葡萄酒。

格拉夫纳，
请说一说橙酒

克隆羊多莉，名字源自美国乡村音乐女歌手多莉·帕顿（Dolly Parton），诞生于苏格兰爱丁堡罗斯林研究所，是第一只从成年羊细胞中克隆出来的哺乳动物。

愚人节当天，美国多家主流报纸同时刊登了塔可钟快餐连锁店的整版广告，声称为帮助美国偿还债务，该公司将买下自由钟，并将它重新命名为"塔可自由钟"。

你知道当大猩猩二十五岁生日时，它想要什么生日礼物吗？答案显然是一盒可怕的橡胶蛇和蜥蜴，因为这是世界上最聪明的大猩猩科科的要求。这只聪明的大猩猩科科以手语能力而闻名世界。

1996

与达·芬奇、阿利吉耶里、范思哲和费里尼不同，格拉夫纳这个姓氏并不能直接说明他是"意大利人"。但与那些巨人相似，乔斯科·格拉夫纳（Josko Gravner）这个名字对于他的技艺同样重要。格拉夫纳来自意大利东北角落里的弗留利（Friuli）。弗留利是一个非常独特的地方，那里的方言和文化深受接壤的东方邻居斯洛文尼亚和与它毗邻的意大利地区的密切影响，这里葡萄酒的特点也充分证明了这一点。因为对橙酒（又叫橘酒）的巨大贡献，格拉夫纳不仅成为弗留利地区的葡萄酒先驱，也是意大利葡萄酒界的先驱。格拉夫纳不是第一个酿造橙酒的人，但他是第一个推动橙酒复兴的人。

在 20 世纪 80 年代，格拉夫纳主要酿造经典的白葡萄酒，它们果味和花香丰富，但是很遗憾的是，酒的品质却很普通。于是，他去了一趟格鲁吉亚，正是这次旅行改变了一切。他发现在格鲁吉亚，奎弗瑞（Qvevri，埋在地下的巨大陶罐）陈酿葡萄酒技术仍然比不锈钢罐陈酿技术更受青睐。自 2001 年起，格拉夫纳将他位于弗留利的酒庄转向这种风格。随着时间的推移，他还将酿酒厂和葡萄园的实践转向低干预的方向。现在，格拉夫纳的葡萄园里充满了生机，葡萄与各种生物和谐共存，葡萄园貌似成了一个鸟类的避难所。

1996 年，格拉夫纳推出了一种名为布雷格（Breg）的混酿葡萄酒，这是他第一款完全市场化的橙酒。人们带着愤怒和厌恶的心情接受了它。格拉夫纳的布雷格与意大利其他地区崇尚超级干净、精确的白葡萄酒相去甚远，它富有野性的风味，充满了杰克逊·波洛克（Jackson Pollock，美国抽象表现主义绘画大师）的风格。从那时起，格拉夫纳的橙酒不断发展。他不再使用意大利某些经典葡萄品种，如灰比诺。另外，在陶罐中陈酿的时间也发生了很大变化。一个不变的事实是，格拉夫纳的橙酒与众不同。

旧事重演：
橙酒

橙酒的历史相当古老，长达数千年，但直到过去几十年里才成为主流，这要归功于我们的朋友乔斯科·格拉夫纳（Josko Gravner）。换句话说，它就像羽衣甘蓝：经过五千年左右的中断，它已经实现了伟大复兴。现在，世界各地几乎都在用麝香（Muscat）、霞多丽等白葡萄品种酿造"橙色"葡萄酒。橙酒的果皮接触和浸渍工艺与其他葡萄酒基本是一样的，这也是我们将它如此分类的主要原因。虽然"橙酒"这个名称有点令人困惑，它也有其他的术语表达，但这种葡萄酒在餐厅酒单和葡萄酒商店中已经获得了越来越大的排面。

橙酒是由白葡萄酿制而成，发酵环节需要带皮发酵足够长的时间，以充分提取果皮中的颜色和一般白葡萄酒不存在的浓郁风味。橙酒可以说是桃红葡萄酒的反面，桃红葡萄酒是像酿造白葡萄酒一样酿造的红葡萄酒，而橙酒则是像酿造红葡萄酒一样酿造的白葡萄酒。一般来说，白葡萄破碎后，果汁立即与葡萄皮分离。但如果果汁与葡萄皮、葡萄籽接触，果汁就会吸收它们的颜色，接触的时间越长，酒的颜色就变得越深。发酵刚开始时，破碎后的灰比诺或长相思可能接近透明或柠檬色，但几个小时（或几个月，具体取决于酿酒师个人喜欢的风格）后，它们会出现深浅不同的橙色。长时间的浸渍不仅赋予葡萄酒颜色，还赋予葡萄酒骨骼鲜明的酒体以及坚果、杏子甚至是酸啤酒的浓郁风味。这就是为什么有这样一句话：如果说传统的白葡萄酒是柠檬水，那么橙酒就是康普茶（一种甜味碳酸饮料）。它们都是冷饮和提神饮料，前者尽管有不同的混酿方式，但味道可能尝起来千篇一律；后者总是有点时髦且涵盖多种口味。有些橙酒很耐陈年，而另一些则像牛奶一样很快就过期了。

顺滑滑滑

经过三十六年的"文身禁令"后，纽约市再次将文身合法化。官方声称，1961 年的规定是由于乙型肝炎暴发而制定的。但其他人认为，禁令更多的是为了在 1964 年世界博览会开始之前清理城市而发布的。

辣妹乐队（Spice Girls）的单曲《想要》（Wannabe）在音乐排行榜上名列第一；当天命真女乐队（Destiny's Child）发行她们的第一首热门单曲《不，不，不》（No, No, No）时，全世界都看到了碧昂斯·诺斯（Beyoncé Knowles）的魅力。

斯坦福大学两名博士生拉里·佩奇（Larry Page）和谢尔盖·布林（Sergey Brin）注册了 google.com 域名，它本来是用于承载他们最初命名为 "Backrub" 的研究项目的。

1997

当一部高预算的好莱坞新电影首映时，如果它能带给人一种貌似精心营造的兴奋感，那就暗示着它得到了学院派内部的认可。葡萄酒行业也会这样做，在收获特别好的年份宣布：有史以来最伟大的年份酒即将到来！1997 年，意大利宣布：有史以来最伟大的年份即将到来！意大利举国欢庆。也许是巧合，也许不是，自 1990 年这个伟大年份以来，全球经历了漫长的低迷岁月（至少葡萄酒的评论家们这样认为）。当时，这些评论家更喜欢口味更柔和、香气更丰富的葡萄酒。事实上，正是在这个时期，"顺滑"一词作为表示葡萄酒适饮性的主观方式出现了，它经常用来形容具有热巧克力般质地的葡萄酒，这种酒通常酒体大且酒精度高。1997 年的意大利葡萄酒就是非常顺滑的。

1997 年，托斯卡纳最热门的葡萄酒源自国际葡萄品种天团，如奥那拉亚（Ornellaia）、索拉雅（Solaia）和天娜（Tignanello）。在巴罗洛，赛拉图酒庄的碧高石头园（Ceretto Barolo Bricco Rocche）和罗伯托·沃尔奇奥酒庄的布鲁纳园巴罗洛（Roberto Voerzio Barolo Brunate）是当时广受赞誉的两款明星酒，也是最早获得满分的酒，但如今却不再被认为有价值。

意大利人对 1997 年份葡萄酒的大肆宣传导致旺盛的需求，并且让这种需求持续了一段时间。相应地，餐厅提高了 1997 年份葡萄酒的价格，高于 1998 年份，更是大大高于 1996 年份。顾客会明确要求点 1997 年份葡萄酒，就好像在说他们最喜欢的鱼是鱼子酱、他们最喜欢的肉是鹅肝一样。这股热潮大约持续了十年，这对于葡萄酒来说并不算长。事实上，1997 年份葡萄酒就像男孩乐队一样，优雅地成熟了。

地下热度

维纳斯·威廉姆斯和塞雷娜·威廉姆斯在美国网球公开赛决赛中相遇，成为自1884年莫德·沃森（Maud Watson）在温布尔登击败姐姐莉莲（Lilian）以后，第一对争夺大满贯冠军的姐妹。

苹果公司发布了第一代iTunes和第一代iPod。

经过一个国际委员会近十二年的固化修复，意大利比萨斜塔重新向公众开放，斜塔的倾斜度已矫正了一英尺多。工程师们相信，他们所做的一切足以让这座拥有近850年历史的高塔至少能迎来自己的一千岁生日。

2001

在20世纪初，意大利葡萄酒并没有发挥出最高水平。乍一看这似乎是个好主意，但事后看来，它并不是那么酷。当时，国际上常见的意大利葡萄酒的味道类似于当时流行的北加州红葡萄酒。我们不能责怪酿酒师生产出消费者愿意花钱买单的葡萄酒，毕竟有钱鬼都能推磨。但值得庆幸的是，大约在同一时间，在比托斯卡纳和巴罗洛更偏远的地区，一些酿酒师遵从自己的初心，酿出了一些意大利最为著名的葡萄酒。

埃特纳火山地区（Mount Etna）就是其中之一。作为一个葡萄酒产区，埃特纳火山地区历史悠久。几千年来，西西里岛上的活火山一直是葡萄的故乡。后来，霞多丽、美乐和西拉也被种植在这里，因为它们很容易被分销到葡萄酒商店的货架上。这里的葡萄主要用于生产散酒，也就是说，人们饮用葡萄酒只是因为它们是饮料并且含有酒精。20世纪90年代，埃特纳当地拥有长久葡萄种植历史和产区第一家酒庄的贝南蒂（Benanti）家族，与当地一位名叫萨尔沃·福蒂（Salvo Foti）的著名酿酒师合作，他们说："坚持住，我们可以做得更好。"他们从1990年开始，直到2001年，才让埃特纳火山的葡萄酒品质足以跻身国际优质葡萄酒之列。

在贝南蒂酒庄葡萄酒的标签上，我们能够看到福蒂家族仅使用埃特纳火山本地品种酿造葡萄酒。贝南蒂酒庄的彼得拉·马里纳（Pietra Marina）白葡萄酒由卡里坎特（Carricante）葡萄酿制而成，卡里坎特是一种清脆可口的白葡萄，最好的卡里坎特尝起来像顶级夏布利（Chablis），差一些的卡里坎特则像是简单解渴的意大利白葡萄酒。贝南蒂酒庄的伯爵夫人（Serra della Contessa）和罗维特罗（Rovittello）等红葡萄酒均使用奈雷洛（Nerello）葡萄酿造。这两种葡萄酿制的葡萄酒更接近黑皮诺和巴罗洛，而非意大利南部常见的深色、浓郁的红葡萄酒。福蒂的举动点燃了埃特纳火山葡萄酒复兴的星星之火，随后也促进了西西里岛的其他地区的复兴。其他的葡萄酒生产商，如卡里布莱特（Calabretta）酒庄和黑土酒庄（Tenuta delle Terre Nere）的马克·德格拉齐亚（Marc de Grazia）也成功效仿，酿造出只有西西里土壤才能赋予其独特风味的高级葡萄酒。

贝南蒂酒庄使用埃特纳火山本土葡萄品种、采用经典工艺酿造出了优质葡萄酒，但出生于比利时的酿酒师弗兰克·科内利森（Frank Cornelissen）却走上了另一个方向。2001年，科内利森在埃特纳火山上建立酒庄，他的做法完全是前卫的。为了获得酿酒灵感，科内利森向后看而不是向前看。科内利森使用奈雷洛（Nerello）葡萄酿酒，在生长季节不对葡萄树做任何处理，也不在最终产品中使用硫磺。科内利森因将这种极端风格的自然葡萄酒带给意大利市场及其他地区而受到赞誉。他的影响就像火山一样巨大，至今他仍在埃特纳火山的山坡上酿酒。

回到意大利大陆，在阿布鲁佐的中南部地区，瓦伦蒂尼酒庄（Valentini）正在用本土品种特雷比奥罗（Trebbiano）和蒙特普齐亚诺（Montepulciano）酿造红葡萄酒、白葡萄酒和令人震惊的桃红葡萄酒。这是意大利种植最广泛的两种葡萄，但除了瓦伦蒂尼酒庄外，它们大多用于出产一些比较平庸的葡萄酒。因此，虽然瓦伦蒂尼的年产量仅占其总产量的一小部分，但它几乎代表了这两种葡萄品种所有的潜力。瓦伦蒂尼的风格几乎与当时的所有葡萄酒趋势相反：红葡萄酒颜色很深，风味鲜美；白葡萄酒却浑浊而浓郁，是咸白葡萄酒风格的缩影；桃红葡萄酒在当地被称为樱桃红（Cerasuolo），它的味道更像是一种清淡的天然红酒，而不是传统的桃红葡萄酒。瓦伦蒂尼酒庄与阿布鲁佐（Abruzzo）的另两个名庄：贝罗酒庄（Tiberio）和埃米迪欧酒庄（Emidio Pepe）一样，它在意大利转型的过程中坚持了自己的路线，并成为该国不为人知的标志之一。它们的葡萄酒现在是地球上最著名的葡萄酒之一。

意大利葡萄酒最小的偶像（至少就产量而言）是位于弗留利（Friuli）东北部地区的米亚尼（Miani）。米亚尼小到每年仅仅生产几橡木桶的红葡萄酒，但他们用当地葡萄品种如富莱诺（Friulano）、黄丽波拉（Ribolla Gialla）、玛尔维萨（Malvasia）酿造出了富有力量感的白葡萄酒，成为收藏家们的最爱。弗留利是一个难以定义的地区，米亚尼葡萄酒完美地诠释了这一点。他们独特的酿酒配方是从勃艮第汲取灵感，在装瓶前使用小橡木桶对葡萄酒进行陈酿。米亚尼的葡萄酒事业不可能扩大规模，不是因为葡萄园稀缺，而是因为业主恩佐·庞托尼（Enzo Pontoni）像料理盆景树一样照顾它们。庞托尼使用通常不被认为能够酿造出优秀葡萄酒的葡萄品种，轻柔地诱发出出乎意料的葡萄酒质地、丰富性和持久性。庞托尼的白葡萄酒比其他大多数意大利白葡萄酒要有趣得多，那些大多数中最平淡无奇的是灰比诺。2001 年，灰比诺仍然是意大利白葡萄酒的统治者，但这一年却是白葡萄酒整体质量转折的重要标志。

可以当水喝：
灰比诺

在葡萄酒世界，灰比诺相当于烈酒里的伏特加。它是葡萄酒这个大行业的主力产品，也是经验较少的消费者进入葡萄酒领域的入门产品。灰比诺这个葡萄品种易于种植，用它酿酒既快捷又便宜，而且不需要陈酿，真可谓酿酒师们"多快好省"的好伴侣。因此，每年您都会看到灰比诺和桃红葡萄酒一样早早就上市了，一般在葡萄收获后只需要6~9个月。关于灰比诺葡萄酒，只有几款葡萄酒值得尊重，但大多数都可以被遗忘。毕竟，灰比诺葡萄酒的定位就是口味简单且保持中庸。

由于灰比诺过度的商业化和工业化种植，很少有新兴酿酒师将时间投入这个葡萄品种上。超市货架上占据主导地位的灰比诺葡萄酒仍然是20世纪80年代至21世纪初的风格：轻盈、中性且便宜，中性的意思就是没有什么特点。虽然饮用一杯冰镇的灰比诺（甚至是直接往里面加冰块），并不是一种邪恶的行为，但需要注意的是：很多灰比诺葡萄酒都一般般，别抱有太高期望！

如果您喜欢灰比诺，
请寻找这些经过侍酒师认可的葡萄酒：

· 达莉亚·马里斯（Dalia Maris）葡萄酒
· 埃琳娜·瓦尔奇（Elena Walch）酒庄
· 维尼卡（Venica & Venica）酒庄

如果你想要一些同样容易入口的葡萄酒，进一步丰富你的味蕾，
建议寻找这些葡萄品种酿的酒：

· 法兰娜（Falanghina）
· 菲亚诺·迪·阿韦利诺（Fiano di Avellino）
· 富莱诺（Friulano）
· 格雷克·迪·图福（Greco di Tufo）
· 维蒂奇诺（Verdicchio）
· 维蒙蒂诺（Vermentino）

罗曼尼园的重生

1月1日，欧元的硬币和纸币推出，开启了欧洲历史上最雄心勃勃的货币变革。

乔治·W.布什总统批准内华达州的尤卡山作为美国高放核废物深地层处置库的最终场址，规划者们忙着想办法警告子孙后代不要在那里向下面挖掘。内华达州最终拒绝接受——我们仍然不知道如何处理我们的放射性垃圾。

自著名真人秀节目《美国偶像》（American Idol's）拉开帷幕以来，主持人瑞安·西克雷斯特（Ryan Seacrest）的成名时代开始了。

2002

勃艮第，一个人的不动产的精确位置可能意味着他是富了几代人的老钱阶层，还是只能羡慕隔壁的大人物的普通人。与其他任何地区相比，每块土地的日照情况、土壤成分以及确切的海拔高度都是区分好物与无价之宝的关键因素。与其他任何地区相比，这片土地更没有秘密，它已经被研究了几千年，所以真正的好东西已经众所周知。现在，收购任何一块顶级的葡萄园已经是一种不可能完成的事情。当地严格的法律保护着勃艮第，既限制了开发，也限制了谁可以投资。那么，这个历史悠久的地区是怎样变成今天这样的呢？答案就是，慢慢变成的。

里贝家族曾一度拥有拉塔希特级园和罗曼尼特级园，这两个葡萄园相当于勃艮第的《蒙娜丽莎》（Mona Lisa）和《救世主》（Salvator Mundi）。1924年，家族族长去世，其遗孀也于1931年离开这个世界，这对夫妇共抚育了10个孩子，这10个可怜的娃发现他们的继承权居然存在巨大的危险。当时"坑娃"的法律规定，这种遗产必须在继承人之间平均分配，并且还要求这些继承人必须都年满十八岁，即都要达到法定成年年龄。可悲的是，十个孩子中有两个是未成年人。1933年，政府强制将这块土地公开拍卖。里贝家族的两位继承人——米歇尔（Michel）和他的牧师兄弟贾斯特（Just）联手购买了一些葡萄园，其中包括整个罗曼尼特级园，该园出产世界上最出色的单一葡萄园葡萄酒之一。有一段时间，米歇尔和贾斯特将买回来的葡萄园租给了平庸而庞大的布沙尔酒业公司（Bouchard Winery）。两代人之后，米歇尔的孙子路易斯-米歇尔·里贝（Louis-Michel Liger-Belair）获得了工程学和酿酒学学位。之后，经父亲、军事将领亨利（Henry）允许，路易斯-米歇尔回到田园诗般的沃恩-罗曼尼村，从长期承租人手中收回葡萄园，并开启了他的梦想。2002年，路易-米歇尔推出了里贝家族名下的第一款葡萄酒。从那时起，路易-米歇尔仿佛弥补了里贝家族近几个世纪以来失去的荣光，让里贝家族重新回到了勃艮第地区的顶级圈层。

炎热就是好吗

到目前为止，最受好评的葡萄酒年份都来自炎热年份（参见第 61 页）。炎热年份是"最好的"，仅仅是因为寒冷的年份呈现了相反的一面——葡萄无法完全成熟以达到最佳口味。但是，多热才算炎热呢？ 2003 年，我们找到了答案。这一年，历史上所有的高温纪录都被打破，导致整个欧洲旧世界葡萄酒产区陷入一片混乱。九月之前，葡萄采摘就开始了，这也是有记录以来历史上最早的一次。人们第一次开始认真考虑气候变化可能对葡萄酒风味的影响了。

高温年景里酿出的葡萄酒口感偏肥硕、风格统一，没有留下任何表达微妙之处的空间。由于这个因素的影响，大部分 2003 年份的葡萄酒立刻就被否定了。其实，2003 年是罗伯特·帕克（Robert Parker）影响力达到顶峰的一年，但这也无济于事。由于炎热，葡萄酒的酒精含量显著增加，自然地将所有 2003 年份葡萄酒都推向了帕克偏爱的风格，这种风格说白了就是加州风格的浓郁感和果酱味，而酿酒师甚至是包括欧洲的酿酒师，也并未回避这一点。对大多数酿酒师来说，这不是什么好兆头；毕竟，对欧洲葡萄酒说三道四的最简单方法就是说它尝起来像加州葡萄酒。

虽然许多人希望这一年份的酒被遗忘，但有些人，以及一些地区，很好地保留了这些在阳光下过度沐浴的葡萄酒。波尔多就是其中之一，它在大酒中找到了自信。这一年份仍有污点，大多数收藏家都不想碰 2003 年的酒。但是，如果你能找到一瓶来自以下酒庄的酒，仍然可以品尝到它的美味。

超音速协和式飞机可以在不到三个小时内飞越大西洋，这是它最后一次从纽约市飞往伦敦。

经过了十三年，人类基因组计划已经完成，该计划对我们 99% 的基因蓝图进行了测序，准确率达到 99.99%。

7-11 连锁店老板纳林德·巴德瓦尔（Narinder Badwal）非常兴奋，因为他得知自己的店将中奖彩票卖给了加州彩民并有权获得 25 万美元的佣金。但更幸福的事儿接踵而来，中奖号码居然是被他自己给买的。因为这张价值超过 4900 万美元的彩票，他的日子将变得更好了。于是，他和他的妻子向顾客赠送思乐冰以示庆祝。

2003

下列的波尔多酒庄的 2003 年份酒是最受赞誉、最强劲的：

- 欧颂酒庄（Château Ausone）
- 拉菲·罗斯柴尔德酒庄
  （Château Laffte Rothschild）
- 拉图酒庄（Château Latour）

颜色有点深

哈佛大学二年级学生马克·扎克伯格（Mark Zuckerberg）在宿舍里推出了 Facebook。

《老友记》（Friends）拍摄了最后一集《他们说再见的地方》（The one where they say goodbye）。预演结束后，演员们情绪异常激动，导致开拍前必须重新化妆。

由华人药剂师韩力（Hon Lik）开发的第一款商业电子烟成功上市销售，但早在 20 世纪 20 年代就设计出来的早期电子烟产品却从未流行起来。

2004

2004 年的夏季，天气持续多云且凉爽。一般来说，气温低的年份出产的葡萄酒味道酸涩。对于白葡萄酒来说，这是一件好事，葡萄酒的酸度高、香气好，耐陈酿的能力强，同时仍然保持着爽口和清新（参见第 157 页）。但对于红葡萄酒来说，低温气候条件下将造就非常清淡的葡萄酒，而且容易带有绿色草本植物如青椒、青草等味道，一些地区甚至认为这种葡萄酒是有明显缺陷的酒。如果你习惯了产自温暖年份的高酒精度葡萄酒，这种酒的特点是甜感突出，酒体柔和，那么气温低的年份的红葡萄酒可能会喝起来让你不舒服。这就像你咬了一个桃子，你潜意识里认为它是多汁又甘甜的，结果却发现它又酸又硬，你对这个桃子的观感立即就会快速降分。但就像桃子只需要一段时间就能成熟一样，2004 年的红葡萄酒也需要在瓶中多放一点时间，比如勃艮第的葡萄酒就非常典型。二十年后，这些曾被收藏家认为是"酸桃子"避之不及的葡萄酒现在却成了产区伟大价值的代表。

当某一年份被宣布为劣质年份时，价格会在数年内保持低位。于是，仅仅因为 2004 年份酒"呱呱坠地"时的差评，这一年份葡萄酒的价格只能达到 2005 年份酒的一半。但有一家酒庄的 2004 年份酒的价格却一骑绝尘、高于别家很多，它就是雷内·恩格尔（René Engel）酒庄。2004 年份是雷内·恩格尔酒庄最后一款葡萄酒，酒庄产品到此"绝户"，不管是为了忘却的记念还是什么，大家趋之若鹜。该酒庄成立于 1919 年，历经三代酿酒师，最后出售给法国亿万富翁弗朗索瓦·皮诺（François Pinault）。在勃艮第，雷内·恩格尔酒庄的葡萄酒以浓烈的风格闻名。在像 2004 年这样的劣质年份，当大家都呈现出咸味和草本味时，恩格尔的作品却做到了平衡。酒庄的非凡名气很大程度上是庄主菲利普·恩格尔 49 岁就英年早逝所产生的影响，但不可否认的是这家小而简陋的酒庄酿出了一些很棒的葡萄酒。2004 年份不是该酒庄最好的年份，但作为一个大家族遗产的最后一款美酒，它无疑是一场美味且值得尊敬的谢幕。

尽管恩格尔的遗产以一种极为体面的方式画上句号，但意大利托斯卡纳地区一些最著名的布鲁奈罗生产商的遗产却以争议告终。很多人认为，布鲁奈罗不应该成为如此大牌的葡萄酒，就像兰斯·阿姆斯特朗不应该有如此大的耐力一样。根据蒙塔奇诺布鲁奈罗原产地命名保护法案（Brunello di Montalcino DOCG，参见第 100 页），如果一款葡萄酒的酒标上标有"Brunello di Montalcino"，那么它只能用托斯卡纳的桑娇维塞酿造。与早

期价格最高、饱满、浓郁的葡萄酒相比，桑娇维塞酿造的葡萄酒颜色浅、味道酸，这一点有点像黑皮诺；然而，在传统生产商手中，桑娇维塞的精致口味具有细微差别，可以与世界上最好的葡萄酒相媲美。但具有商业头脑且坚决执行非传统主义的激进派想要开拓一条赚取国际声誉的捷径。2004 年，阿加诺（Argiano）、安东尼世家（Antinori）、班菲（Banfi）和花思蝶（Frescobaldi）等酒庄突然推出了有史以来最颓废的布鲁奈罗葡萄酒，充满了巧克力、果酱和橡木的味道。这些华丽的葡萄酒确实令人难以置信，全球各地的葡萄酒专家都对它们质疑。为应对质疑，一项国际调查于 2008 年轰轰烈烈展开。调查结果揭示了这样一个事实，就像那些环法自行车赛选手一样，布鲁奈罗也使用了"兴奋剂"，生产商往葡萄酒里注入了人工色素，并且为了口感更丰富，还使用味道更浓郁、色调更深的葡萄品种。

与此同时，蒙塔奇诺的"真"葡萄酒也取得了非常大的成功。索托丘（Poggio di Sotto）、曼弗雷迪天堂（Il Paradiso di Manfredi）、赛维奥尼（Salvioni）和谢百奥纳（Cerbaiona）等在这一领域本不太出名的酒庄，却在他们的土地上酿造出了历史上最好的葡萄酒，这些酒在风格上更偏向于轻松、经典、真实的一面。与此同时，坎帕托星空（Stella di Campalto）和班德里诺（Pian dell' Orino）等新兴酒庄已经成长为下一代卓越的蒙塔奇诺名家。如今，它们的 2004 年份及后续年份的葡萄酒已跻身世界上最受欢迎的葡萄酒之列。它们平衡了微妙与力量，具有独特的地域特色和悠久的陈年潜力。2004 年份的葡萄酒不需要夸大它的味道，除了干樱桃、香草和干番茄味，如果还有其他的味道，那可以断定它不是正宗的布鲁奈罗。

热浪的味道：
全球变暖

春天的倒春寒会导致葡萄大幅度减产，秋天的冰雹会让一年的辛苦付出颗粒无收，一场无妄的火灾会使葡萄酒尝起来有一股旧汽车旅馆的味道。除了自然灾害，不断上升的全球气温已经悄悄地从根本上改变了葡萄酒的味道。自 2003 年以来，气温持续攀升；2022 年，伦敦的地表温度简直要将跑道融化。酿酒师们必须适应目前的新状况，并接受现在的气温比以往都要高的现实，他们的葡萄酒永远不会再有曾经的味道了。

全球变暖并非对所有地区都是坏事，最起码对曾经渴望种植葡萄、酿造美酒但是因气候太冷而无法实现的地区来说，它们的福音到了。现在，英国可以生产非常好的起泡酒，加拿大、美国的佛蒙特州（美国东北部的州，比邻加拿大，冬季非常寒冷）和巴塔哥尼亚也开始涉足葡萄酒行业，这在以前是不可想象的。但对于那些原本气候条件很完美的地方，过多的热量和光照正在将葡萄变成葡萄干，葡萄酒变得越来越厚重、酒精度越来越高、甜度腻得让你发晕。原本平衡、优雅的葡萄酒现在快接近加强葡萄酒的临界点。比如，法国干旱、阳光充足的教皇新堡，某些生产商不得不将部分酒精从红葡萄酒中去除掉，这些葡萄酒曾被盛赞为超级享乐主义的美酒。再比如，美国的纳帕，以前它是一个凉爽的地区，可今天我们或许再也不会看到酒精度低于 13% 的葡萄酒了。

那么，酿酒师该怎么样适应呢？于是，有人开始在夜间采摘，有人尝试在清晨葡萄酸度最高时采摘，有人努力尝试在更高海拔的地方种植葡萄。还有人给葡萄园搭上遮阳伞，这确实有帮助，但成本太高了。还有人绞尽脑汁去改变葡萄藤蔓的生长方向，这也很管用（植物都是向南一面茂盛，但现在需要尽量避免），也就是通过修剪葡萄藤上的叶子继而形成自己的遮阳伞来纳凉。还有人正在将葡萄藤嫁接到抗旱品种的树根上。还有那些技术流派的"工业化"生产商们，正在试验可以增加酸度的电渗析技术，以及研发生成更少酒精的新型酵母菌株。

不过，所有的应对措施或者叫缓解措施都有局限性。在法国勃艮第，为了让勃艮第的葡萄酒保持平衡，他们居然允许在葡萄酒混酿时使用新葡萄品种。这样的做法居然获得了监管机构的批准，这在几年前是无法想象的。当然，就目前来说，这也只是勃艮第不得已而为之的一种实验，勃艮第的官老爷们将在十年内重新审视这些品种，并会放弃所有未达到要求的"异端"分子。无论实验以哪种方式进行，其目的都是应对即将发生的事情。

好人不长命：白葡萄酒的氧化问题

当你想象有人从酒窖里搜出一瓶满是灰尘的葡萄酒的时候，你通常不会想象它是一瓶白葡萄酒，而会默认它是一瓶红葡萄酒，因为红葡萄酒里的成分比如色素、单宁等具备防止红葡萄酒被破坏的能力。其实白葡萄酒也可以陈酿，但通常大家都不去长时间存放白葡萄酒，而且没有人知道为什么。

解开这个谜团的行动始于 20 世纪初，当时收藏家们兴奋地尝试了两个卓越年份的勃艮第白葡萄酒：1995 和 1996，然后大家惊恐地发现出了大问题。这两款酒本应该可以陈酿二十至三十年，但才过了几年，葡萄酒就变得毫无生气。暗淡、油腻、平淡，甚至苦味都出来了，尝起来像是煮熟的蔬菜和蜂蜡，真是让人大跌眼镜。葡萄酒行业的人将这种情况称为"提前氧化"或"过早氧化"，但没有人知道是什么原因造成的。

"提前氧化"可不仅仅是 1995 和 1996 两个年份的事儿，也不仅局限于勃艮第的白葡萄酒，甚至不仅限于法国，乃至欧洲。从美国的加利福尼亚州到澳大利亚，这种问题开始出现在各类葡萄酒中，包括甜型葡萄酒、干型葡萄酒、起泡酒和静止葡萄酒。有人估计，在特别糟糕的年份里，这个问题已经影响了多达 50% 的葡萄酒。2014 年前后，有传言称红葡萄酒也受到了"提前氧化"的影响，但相关记录较少。

即使科学家和生产者开始投入时间和金钱研究这个课题，他们仍未找到原因。各种理论、各种说法数量繁多、令人眼花缭乱。一些人认为这是由于 1995 年前后，葡萄酒行业使用的压榨机从机械压榨转向更温和的液压压榨；另一些人则认为是全球变暖造成的，因为过熟的葡萄里缺乏抗氧化、保护性化合物；其他人则将这个问题归咎于葡萄酒被过度搅拌导致的，这是一种被称为"酒泥搅拌"（bâtonnage）的古老技术。还有一种理论是，随着消费者越来越在意自己喝进肚子里的东西，一些生产商停止在田间使用杀虫剂，从而导致草丛过度生长，野草与葡萄藤蔓竞争水分；这种情况下，缺水的葡萄藤无法生产出足够多的天然抗氧化剂。注重健康的生产商也减少二氧化硫在葡萄酒中的使用，如果二氧化硫这种抗氧化剂和防腐剂含量不足，葡萄酒几乎没有任何保护。最后一种观点把"提前氧化"的责任归咎于软木塞，它指出是板条箱内的预氧化环节的差异造成的。20 世纪 90 年代中期，随着全球葡萄酒需求蓬勃发展，软木塞制造商跟不上节奏，产品质量随之下降。一些酿酒师为了杀死导致软木塞污染的真菌，他们用过氧化氢清洗软木塞，从而产生了另一个问题，许多人怀疑，这种残留的过氧化氢会溶解到葡萄酒里，继而引发葡萄酒氧化链式反应。

现在，距离媒体首次提及"提前氧化"已经过去了二十多年，这场危机已经有所缓解。确切的原因仍然难以捉摸，但无论生产商认同上述哪一种理论，他们已经根据情况调整了工艺：积极探索机械压榨机的回归、添加更多的二氧化硫、使用螺旋盖和人造软木塞，"提前氧化"的葡萄酒比例得以下降。有些人甚至报告说，氧化了的葡萄酒现在味道又变好了，不过还没有科学研究能够证明葡萄酒的逆氧化是可能的。

血本无归

2006

2006 年，美国葡萄酒的市场规模已攀升至前所未有的水平。城市里出现了一种新型收藏家——他们的购酒预算由华尔街的金融账户和现金充裕的牛市作支撑。年轻的加利福尼亚赤霞珠每瓶售价高达 1000 美元。葡萄酒拍卖行业几天之内的交易就突破了 3000 万美元。高端葡萄酒从一种低调的奢侈品变成了美国新兴富豪餐桌上的必备之物。

2006 年是从评论家称赞的高酒精度葡萄酒向传统葡萄酒、低干预酿酒法葡萄酒转变的关键一年。2006 年也是如今天然葡萄酒热潮的开端（见第181 页）。没有哪一款葡萄酒比索得拉（Soldera）酒庄的葡萄酒更能体现这种转变，它跨越了两个世界——让那些痴迷于评分和痴迷于工艺的人感到愉悦。

索得拉酒庄位于意大利蒙塔奇诺（Montalcino）的中心，由奇安弗兰科·索得拉先生（Gianfranco Soldera）在一处名为卡巴斯（Case Basse）的土地上创办。索得拉先生为人比较孤僻，不是一个容易相处的人，他不屈不挠的本性却对酿造高品质的葡萄酒大有益处。索得拉将桑娇维塞精致的草本香气与柔和清爽的口感完美结合在一起，取得了巨大的成功。但是，索得拉的性格也导致一名心怀不满的员工以最严重的方式对他进行了报复。

蒙塔奇诺布鲁奈罗葡萄酒需要充分的陈酿时间才能将其力量演变成一款平易近人的葡萄酒，它必须在橡木桶中陈酿至少三年，而索得拉酒庄甚至会进一步延长这种陈酿时间。因此，索得拉酒庄往往会同时储存六个年份的葡萄酒。那名对他不满的员工当然明白这一点，也知道索得拉一直不喜欢生活在科技与"狠活"的笼罩之下，所以他没有安装任何报警系统。性格骄傲的索得拉曾经吹牛，他只喝自己酒庄的葡萄酒，但一个寒冷的早晨，他醒来后发现，他于 2007 至 2012 年酿造的每桶酒都被这名员工在半夜倒进了酒庄的下水道里。最糟糕的是，这场悲剧发生在他的晚年。于是，2006 年份的索得拉蒙塔奇诺布鲁奈罗（Soldera Brunello di Montalcino）葡萄酒成为他该产品的绝唱。2019 年，索得拉去世。尽管在他去世前，他仍然酿造了一些葡萄酒，但他再也没有生产过蒙塔奇诺布鲁奈罗年份葡萄酒。

内在品质
才是最重要的

"男性的说教"，在丽贝卡·索尔尼特（Rebecca Solnit）的散文集《爱说教的男人》（*Men Explain Things to Me*）准确描述了这一现象之后，这个词开始流行起来。

低贷款利率和宽松的贷款政策导致了 2008 年的金融危机，这是自大萧条以来最严重的经济衰退，但至少这次经济危机没有再出现美国"禁酒令"这样的奇葩。

在距离北极点约 1000 公里的那威斯瓦尔巴群岛的一处砂岩山洞中，有一座"世界末日种子库"。这座种子库是世界对抗人为和自然灾害的最后一道防线。第一次从库中提取种子是在 2015 年，目的是重新播种因叙利亚内战而损失的种子。

2008

在 20 世纪初酿造优质葡萄酒的重量级生产商，其中的大多数一直在努力保持高品质和持续性。当然，这些大人物可能拥有最好的土地。但在接下来的一个世纪里，波尔多、勃艮第和香槟地区无数年轻的酿酒师已经证明，好葡萄酒不仅仅要有顶级的葡萄园，还需要才华横溢的酿酒师，以确保不会把葡萄酒变成泔水。同样，许多大型酒庄尽管已经酿造了一百多年的优质葡萄酒，但也认识到保持高品质是一项艰巨的任务，失败的原因有很多，想把葡萄酒做得更好，就意味着成本更高。气候变化改变了游戏规则。饮酒者的口味已经发生了变化。

2008 年，重量级酒庄之一，拥有 175 年历史的香槟名庄库克（Krug）酒庄在众多同行中表现极为出色。库克的主打产品被称为特酿系列（Grand Cuvée），这款产品每年都会发布，是一款由长达 20 个不同年份的葡萄酒混合而成（请参阅第 20 页），其整体风格属于香槟风味谱系中的浓郁奶油风味。然而，如果当年的葡萄品质足够高，葡萄原料所蕴含的能量、能够赋予的东西比混酿酒的贡献更大时，库克就会推出一款年份酒。从 1990 到 2022 年，库克仅出品了 10 个年份酒。2008 年份的库克品质无可挑剔，即使是那些对库克的奢华表示皱眉的人也会捧着酒杯微笑。

2008 年份库克并不是 2008 年份唯一出名的酒款，但它可能是唯一一名副其实的。这一年，波尔多领袖拉菲酒庄的营销部门将汉字的数字"八"刻在了酒瓶上。"八"在中国被认为是最吉祥的数字，代表着财富、富有和繁荣。这些话确实可以形容拉菲 2008 年份的成功，在外包装的加持之下，它的价格上涨了 20%。其实，2008 年份的拉菲酒本身并不那么好，但这次营销策划确实取得了成功。

Part Four

The Curious Age
(2009 to Present)

第四部分

好奇时代
(从 2009 年至今)

如果说曾经喝葡萄酒炫耀产品的名气和价值，量化饮酒者的声望和财富——翘起小手指、摇曳大玻璃杯；那么下一代可能不会如此，下一代似乎自然而然地会痴迷于"地下"和"未知"。现在是时候关心一下你的黄油到底来自哪个农场、黑胶唱片的复兴，以及穿着运动鞋去高级餐厅打破所谓的传统了。新一代人会对一些事物重新进行审视和思考，对于葡萄酒来说，这意味着那些长期被视为"伟大"的葡萄酒的价值到底在哪里。在这个时代，好奇心比原则更重要，它也改变了我们的酒单。更多的葡萄酒被传播到世界的各个角落，不同的地区和文化的人们能够很容易地接触到葡萄酒。以前，很难想象法国高山上的一个普通小酒庄的葡萄酒，能够卖到墨西哥城的高级餐厅。

许多鲜为人知的生产商成功了，这要归功于当前大行其道的各类社交媒体。过去你必须订阅罗伯特·帕克的相关新闻，或者订购《葡萄酒爱好者》（*Wine Enthusiast*）才能了解专业人士在喝什么。现在，在您躺在沙发上研究最新趋势、浏览朋友家旺财照片的间隙，就能快速地了解一款葡萄酒。再加上大量杰出进口商和各类酒吧如雨后春笋般地冒出来，让我们获得了更多免费学习葡萄酒知识的机会。

虽然品鉴老牌美酒永远都是一个值得抓住的机会，但今天那些年轻酿酒师们见多识广、满怀敬重和热情的工作也同样令人满意。一些新秀生产商一夜之间成为真正的传奇人物，而老一辈酿酒师很快就被遗忘了。今天的消费者既没有酒窖也不搞收藏。现在，最好的葡萄酒都是要用来现喝的，而且不需要花钱去存它。在一天结束的时候，让你喝得开心的葡萄酒就是最好的酒，对吧？

不过，请不要放松你的警惕，由于技术进步和消费量激增，市面上的劣质葡萄酒也比以往任何时候都要多。相关记录表明，大多数广受知名人士认可的葡萄酒并没有罐装上市。生产商喜欢（推广）这种罐装葡萄酒，也只是为了顺应蓬勃发展的商业浪潮。

　　气候变化的加速对这一代人提出了前所未有的挑战。冰雹经常毁坏一年一熟的作物。大火会污染酒的味道，就像篝火的烟雾粘在了羊毛衫上一样。最重要的是，高温不可逆转地改变了整个产区的风味，让它从安静的优雅变成了咆哮的野兽。从 20 世纪 80 年代到 21 世纪初期，消费者对大牌葡萄酒的力量感印象最为深刻。现在，人们痴迷于酸度、新鲜度和轻盈度。消费者不再追求果酱和黄油味，而是寻求泥土的味道和鲜感。正如一些葡萄酒最终变得太"大"，味道令人印象深刻但并不美味一样，随着这种趋势的发展，一些葡萄酒现在变得太淡、太酸、太咸。在现实案例中，为追求获奖而付出的太多努力都被证明是俗套的。此外，追求获奖也是一场注定会输的战斗，因为潮流每季都在变化。最优秀的生产者总会避免掉进迎合口味趋势的旋涡，埋头酿造尽可能好的葡萄酒，仅此而已。

　　这个好奇心泛滥、探索精神爆发和品位被重视的年代值得被赞扬。但在口味喜好不断发展的今天，如果你声称这些葡萄酒已经像那些在充分竞争中幸存下来的葡萄酒一样值得被赞扬，那肯定是愚蠢的。因此，当我们讨论最近的年份（即现在）时，我们将少谈论特定的某款产品，而要更广泛地谈论已经引起全球关注的新风格和鲜为人知的产区。无论新旧，你都可以在那里品尝到很多美味的葡萄酒。保持好奇心，你就不会出错。

姐妹的成就

犹他州的一辆卡车不小心将 40000 磅的汉堡肉饼倾倒在路上。几个小时后，另一辆卡车翻车了，车上拉的啤酒洒了出来。于是，当地报纸的头条报道："红肉和啤酒堵塞了交通要道，减缓了早上的通勤速度。"所幸，在这次事件中没有人受伤。

1998 年成立的国际刑事法院进行了第一次审判。

同性恋交友软件 Grindr 首次上线，比特币首次亮相。

2009

就像社交媒体上的博主简介一样，在勃艮第，您会发现许多酒庄名称都以连字符相连，如加纳德 - 德拉格朗热（Gagnard-Delagrange）、枫丹甘露（Fontaine-Gagnard）、拉米·皮洛特酒庄（Lamy-Pillot）、米奥 - 凯慕斯（Méo-Camuzet）等，类似双重命名的酒庄清单可以像臭婆娘的裹脚一样长。另外，您还会发现多个酒庄共用同一个姓氏。在这种情况下产生的酒庄名称大多是家庭内部分裂的结果，比如，堂兄弟或兄弟姐妹继承家族遗产时，就必须要做更名这类事情。但我们千万别被其名称的相似性所迷惑，比如梯贝酒庄（Thibault Liger-Belair）与里贝伯爵酒庄（Domaine du Comte Liger-Belair）酿造的葡萄酒截然不同，与乐弗莱夫酒庄（Olivier Leflaive）与勒弗莱酒庄（Domaine Leflaive）的葡萄酒差距很大是一个道理。但是，小天使酒庄（Domaine Mugneret-Gibourg）、乔治·穆格纳特酒庄（Domaine Georges Mugneret）和乔治·穆格纳特 - 吉伯格酒庄（Domaine Georges Mugneret-Gibourg）之间却是另一种情况了。

1933 年，安德烈·穆格纳特（André Mugneret）和他的妻子珍妮·吉伯格（Jeanne Gibourg）在沃恩 - 罗曼尼村（Vosne-Romanée）建立了穆格纳特·吉伯格酒庄（Domaine Mugneret-Gibourg）。后来他们的儿子乔治·穆格纳特（Georges Mugneret）博士加入了家族企业，并在 20 世纪 80 年代让酒庄不断发展壮大，并将酒庄更名为乔治·穆格纳特酒庄（Domaine Georges Mugneret）。1988 年乔治去世后，他的妻子杰奎琳（Jacqueline）接管了酒庄，她于 2009 年退休后将酒庄转让给了他们的女儿玛丽 - 克里斯蒂娜·穆格纳特（Marie-Christine Mugneret）和玛丽 - 安德烈·穆格纳特（Marie-Andrée Mugneret）。

出于对她们继承的家族企业的尊重，姐妹俩再次更名，将其命名为 "Domaine Georges Mugneret-Gibourg"，将祖父母的名字与父亲的名字结合在一起，向赠予她们这笔遗产的先人们致敬。而且，正如经常发生的那样，微妙的名称变化也代表着质量的转变。（在这种情况下，这种从优秀到杰出的转变已经悄悄发生了很多年。）就在玛丽 - 克里斯蒂娜和玛丽 - 安德烈完全掌控公司的同一年，她们的葡萄酒也做到了享誉全球。2009 年份的到来恰逢其时，因为美国市场从经济大衰退中复苏过来，对勃艮第葡萄酒的需求比以往任何时候都多。2009 年份酒口感丰富，风味浓郁，适合更广阔的国际市场，并且易于在年轻时饮用。

如今，玛丽 - 克里斯蒂娜和玛丽 - 安德烈是勃艮第生产商中的佼佼者。

她们的酒，风格顺滑，像香水一样。勃艮第产区的所有葡萄酒都具有清淡且讨人喜欢的能力，但酿酒过程中的某些决定可能会引导它们走向简单和质朴。与勃艮第生产商沟通的难点之一是，来自同一村庄、同一葡萄品种和同一年份的两瓶酒可能会有很大不同。事实上，一款好的勃艮第葡萄酒，其成功的关键掌握在酿酒师的手中——对于姐妹来说，这意味着需要一双额外的天才之手。值得强调的是，她们确实将家族名字（包括各种不同的变体）打造成了明星品牌。

夏布利和查理曼

冰岛火山大规模爆发产生了火山灰云，欧洲大陆遭遇"二战"以来最严重的空中交通瘫痪，数百万旅客行程受到影响。

凯瑟琳·毕格罗（Kathryn Bigelow）凭借《拆弹部队》（The Hurt Locker）成为第一位获得奥斯卡最佳导演奖的女性。

12月，突尼斯水果小贩穆罕默德·布瓦吉吉（Mohamed Bouazizi）自焚，民众与当政者冲突不断，突尼斯革命爆发，并在接下来的几个月里引发了"阿拉伯之春"。

2010

像2010这样的年份，几乎每个产区的年份酒都是完美无瑕。对于勃艮第的白葡萄酒来说，霞多丽是其绝对意义上的统治性葡萄品种，霞多丽也被认为是有史以来最伟大的葡萄品种之一——特别是考虑到白葡萄品种即将面临的多重挑战，就更是如此了（见第187页）。

在2010这个奇妙的年份出现了一个奇妙的现象，同属于勃艮第的两个著名小产区表现出了截然相反的两个极端，勃艮第北面的夏布利（Chablis）产区呈现出尖锐、咸味的风格，但是博纳丘的科尔登-查理曼园（Corton-Charlemagne）却产出了极为厚重和浓郁的葡萄酒。这两个产区的代表分别是文森特·杜维萨酒庄（Vincent Dauvissat）和科奇-杜里酒庄（Coche-Dury）。

夏布利出产的霞多丽是全世界最清爽、咸味最突出的，它与默尔索、普利尼-蒙哈榭和夏山-蒙哈榭等勃艮第经典产区酿造的风格浓郁的葡萄酒形成了鲜明对比。当葡萄固有的风味与优质年份相结合，2010年份就成为夏布利的传奇葡萄酒，其中最好的是杜维萨酒庄前奏（夏布利特级园）白葡萄酒（Vincent Dauvissat Chablis Grand Cru Preuses）。直到最近，夏布利葡萄酒在商业上取得了成功，并以其简单风格闻名，法国对灰比诺葡萄品种不那么感兴趣，文森特·杜维萨（Vincent Dauvissat）的理念也是除了简单之外，什么都不做。杜维萨酒庄的葡萄酒就像一幅极简主义画作或一把斯堪的纳维亚椅子：安静优雅、低调平实，但却品质上乘，工艺精湛。尽管杜维萨酒庄拥有地理位置极为优越的葡萄园，但这并不是他们的葡萄酒优于其他酒庄的唯一原因。他们的酿酒方法需要更多人力劳动，耗费更多的时间，并且使用橡木桶进行更加精致的陈酿。而其他夏布利同行则更喜欢使用不锈钢罐，这种容器具有更强、更多的可操控性，从储罐转移到瓶子里速度更快。因此，杜维萨酿造出的葡萄酒同时具有明亮的风味和浓郁的口感。

说到浓郁，科奇-杜里酒庄（Domaine Coche-Dury）算是勃艮第白葡萄酒中的百达翡丽，睿智、稀缺，它在收藏家眼中如同神话般的存在。作为法国的名片之一，科奇的历史相对较短。1975年，让-弗朗索瓦·科奇（Jean-Francois Coche）接任庄主，他将妻子的姓氏杜里（Dury）添加到庄园的名称中，就是如今的酒庄全名"Coche-Dury"，科奇家族在默尔索村及其周边地区都拥有葡萄园。如果科奇的名字能让我想起一种葡萄酒，那就是他的科尔登-查理曼特级园白葡萄酒，它是勃艮第白葡萄酒的中流砥柱，理所当然的执牛耳者。当科尔登-查理曼园的霞多丽成熟到极致时，它可以像红葡萄酒一样浓郁和饱满。再凭借让-弗朗索瓦·科奇的金手指，最终呈现出的是一款极具"科尔登-查理曼"酒体的葡萄酒，而且其也兼具其他酒庄所不具有的新鲜感。科奇的风格是如此独特，而让-弗朗索瓦·科奇在2010年宣布退休，2010年份酒成了他的最后一个年份酒。于是，就像是鲨鱼嗅到了海水中血液的味道，葡萄酒爱好者和收藏家们对其继任者充满了怀疑，他的儿子拉斐尔·科奇（当时他刚获得葡萄栽培和酿酒学资质）是否有能力继续酿造如此最受欢迎的、如此完美的白葡萄酒。自2010年份酒发布以来，科奇酒庄作为白葡萄酒统治者的未来一直受到收藏家的质疑，只有时间才能证明拉斐尔能否取得成功，因为在他领导下酿造的葡萄酒正在逐渐成熟。

B 面：
勃艮第新秀

对于年轻的酿酒师来说，在勃艮第创业几乎是不可能成功的。因此，在过去的二十年里，只有少数酒庄成为幸运儿进入市场，而在沃恩 - 罗曼尼（Vosne-Romanée）、香波 - 慕西尼（Chambolle-Musigny）、默尔索和普里尼 - 蒙哈榭（Puligny-Montrachet）等著名酒村这种事情几乎从未有过。于是，新入局者将目光投向了长期以来被认为不太理想的地区和葡萄品种。全球变暖的一个好处是，现在这些邻近地区也可以种出与著名酒村（被认为是传统上的最佳种植地）质量相当的葡萄。当一位动力十足、活力四射的年轻酿酒师遇到了合适的土地，酿造出一系列优质葡萄酒的时候，勃艮第有史以来最激动人心的时刻即将到来了。

这些新晋酿酒师酿造的葡萄酒呈现的风格与传统的勃艮第酒略有不同，他们的红葡萄酒的颜色较浅、更加倾向自然，白葡萄酒的味道更咸。其他产品更加经典，让人想起这些年轻人曾经在当地最好的酒庄工作时的时光，如布里艾莱香桐（Chandon de Briailles）、安杰维勒侯爵（d'Angelville）和芙萝（Roulot）。许多酿酒师还喜欢上了勃艮第的另一种白葡萄品种——阿里高特（Aligote），这个葡萄品种曾经不受重视，大家用它酿酒时也没有太花心思。引发阿里高特浪潮的可能是它低廉的种植成本，而不是它有酿造好酒的巨大潜力，但在这些酿酒师的手中，它毫无疑问地变成了非常好喝的葡萄酒。阿里高特的"B 面"（指潜力，在英文语境里"B 面"一般指比较平庸的一面）质量很高，但仍然不为人所知，但很快它的黄金时代就会来到。

除了上面提到的酒庄，下面这些酒庄也值得我们关注：

勃艮第白葡萄酒：

· 阿赫诺 - 昂特酒庄（Arnaud Ente）
· 伯仙 - 瓦多特酒庄（Boisson-Vadot）
· 梦歌手酒庄（Chanterêves）
· 芭比莉酒庄（Domaine Bachelet-Monnot）
· 卡西欧佩亚酒庄（Domaine de Cassiopée）
· 维兰酒庄（Domaine de Villaine）
· 杜雷尔 - 詹蒂尔酒庄
　（Domaine Duteuil-Janthial）

· 亨利日耳曼酒庄
　（Domaine Henri Germain et Fils）
· 休伯特拉密酒庄（Domaine Hubert Lamy）
· 拉米盖亚酒庄（Domaine Lamy-Caillat）
· 保罗·皮洛特酒庄（Domaine Paul Pillot）
· 瓦莱特酒庄（Maison Valette）
· 皮埃尔 - 伊夫酒庄
　（Pierre-Yves Colin-Morey）
· 文森特丹瑟酒庄
　（Vincent Dancer，外号万神跳舞）

勃艮第红葡萄酒：

· 查尔斯·拉乔酒庄（Charles Lachaux）
· 贝桃酒庄（Domaine Berthaut-Gerbet）
· 克鲁瓦酒庄（Domaine des Croix）
· 福奈尔福因街酒庄
　（Domaine Didier Fornerol）
· 德罗西酒庄（Domaine Duroché）
· 莱斯荷拉斯酒庄（Domaine Les Horées）
· 让 - 马克·文森特酒庄（Jean-Marc Vincent）
· 蒂里埃酒庄（Maison MC Thiriet）
· 西尔万·帕塔乐酒庄（Sylvain Pataille）

爱上白诗南

最高法院同意审查美国温莎案，为三年后同性婚姻合法化铺平了道路。

最后一枚加拿大便士于 5 月 4 日铸造，此前政府宣布一分硬币（制造成本为 1.6 美分）将不再流通。

瑞士科学家开发出一种仅靠意念就能控制的机器人。

2012

2012 年，白诗南（Chenin Blanc）葡萄酒开始出现在世界各地的酒单上。一批崇尚自然的酿酒师们，他们的努力得到了一些世界顶级侍酒师的支持，如帕斯卡琳·勒佩尔蒂埃（Pascaline Lepeltier），他将白诗南葡萄酒带上了餐桌，甚至推动白诗南葡萄酒成为葡萄酒界的流行品种。再加上 Instagram 之类的社交媒体的功劳，白诗南成为家喻户晓的葡萄酒品牌。值得庆幸的是，这种葡萄并没有过于让那些跟风者受益，不过，那些出自优秀酿酒师手下的白诗南葡萄酒也确实被大肆炒作。

白诗南是一种产自法国卢瓦尔河谷的白葡萄品种。它在世界其他地方也有种植，但与意大利的比萨不同，在远离原产地的产区，白诗南的表现乏善可陈，缺乏特色。白诗南是法国索米尔（Saumur）、安茹（Anjou）、萨文涅尔（Savennières）、武弗雷（Vouvray）和梦路易（Montlouis）等地区的白葡萄酒的灵魂品种，在当地葡萄酒的标签上可以清楚地看到这一点。索米尔、安茹和萨文涅尔的白诗南具有浓郁的酸度、淡淡的咸味和坚果味，与这里的其他葡萄品种如长相思的果香和花香形成鲜明对比。这种差异到了 2012 年左右，开始变得极其重要。虽然卢瓦尔河谷的一些极端追求天然酒的酿酒师剑走偏锋，酿出的酒更像是醋，而不是葡萄酒。但少数酿酒师却成功了，他们追求天地精华，采用有机耕种，尽量少添加二氧化硫，最终酿出的葡萄酒与其他优秀的葡萄酒一样出色。在一个没有分级的法国产区，如果有一种白诗南葡萄酒能从"同行"中脱颖而出，那肯定是来自红雅酒庄（Clos Rougeard）的白诗南葡萄酒。

红雅酒庄并不是一名新秀，白诗南葡萄酒也不是他家的主打产品。事实上，红雅酒庄因其是卢瓦尔河谷最大的品丽珠红葡萄酒的生产商而出名。红雅酒庄的所有者是著名的福柯（Foucault）家族，福柯家族手中的品丽珠是一种与波尔多和勃艮第的优质葡萄酒一样严肃的红葡萄酒，他们让国际买家对品丽珠痴迷。品丽珠的独特之处在于，它具有烟草、黑樱桃和干辣椒等浓郁的味道，但其味道却像冰镇后的博若莱新酒或清新的西拉一样细腻而爽脆。红雅酒庄酿造的白诗南葡萄酒量不大，是该酒庄红葡萄酒之外最为稀有的产品，用索米尔产区布雷兹（Brezé）葡萄园的百年藤蔓酿制而成。布雷兹是一个极为适合种植白诗南的特级葡萄园，如果葡萄酒标签上带有"Brezé"字样，那么这款白葡萄酒味道浓郁，但没有橡木味，在具备这种酒体的白葡萄酒中很少见。它是最具潜力的白诗南，具有勃艮第的酒体和卢瓦尔河谷独有的风味。

红雅酒庄也为该产区其他酒庄的成功铺平了道路。20 世纪 90 年代中期，罗曼·吉伯特（Romain Guiberteau）正在法学院就读，但当有机会接管其家族的吉伯特酒庄（Domaine Guiberteau）时，他的表现并不出色。因为该酒庄与红雅酒庄毗邻，他向红雅酒庄的南迪·福柯（Nady Foucault）寻求指导，指导他如何在相邻的葡萄园种植白诗南和品丽珠。吉伯特酒庄的葡萄酒与红雅酒庄的葡萄酒的表现相似，白葡萄酒和红葡萄酒的口感都浓郁而清脆，酒体轻盈却风味极佳，这些葡萄酒皆因他的导师而闻名。

纵观历史和世界各地，酿酒师的履历往往深刻铭记于他们的葡萄酒之中。书写他们的故事需要很长的篇幅，但在这里有另一个成功的白诗南故事，我需要和大家分享。故事的主角名叫斯蒂芬·贝尔诺多（Stéphane Bernaudeau），在单干之前，他为卢瓦尔河谷最早的自然酒酒庄桑·松涅鹤（Ferme de la San sonnière）的马克·安吉利（Mark Angeli）工作过。斯蒂芬·贝尔诺多在安茹酿造葡萄酒，该产区位于美誉度更高的索米尔（Saumur）地区的下游。安茹产区以甜葡萄酒闻名，但他的小庄园出产的葡萄酒却绝非如此。事实上，最好不要对斯蒂芬·贝尔诺多的葡萄酒抱有任何期望，他和他的葡萄酒太前卫了，完全不受传统和成规的束缚。他的白葡萄酒风格是最近才流行起来的，现在被认为是蓝筹股。这些葡萄酒有自然的格调，带有微妙的浑浊色调，不那么突出的咸味，但具有与世界上任何优质干型白葡萄酒一样高的酸度，这是罕见的。他的葡萄酒酿自于鲁西颂（Les Nourrissons）的百年老藤，他也是最早将该产区产品做成了收藏品的自然酒酿酒师之一。如果横向比较，也只有汝拉产区的皮埃尔·奥弗诺伊（Pierre Overnoy）或阿布鲁佐的瓦伦蒂尼（Valentini）的神话般的葡萄酒能与之相媲美。

自然葡萄酒，什么意思？

今天，如果你随便在一家时尚点儿的酒吧点一瓶有机、自然或生物动力法以外的葡萄酒，您可能会感觉有点像是在素食餐厅点肉菜。但是，正在啜饮浑浊起泡葡萄酒的人，又有谁真正知道这三种葡萄酒之间的区别？

有机葡萄酒是最简单的概念，该术语与酿酒过程的种植阶段有关。很简单，如果葡萄是有机种植的（没有化肥或农药），那么葡萄酒就是有机的。

生物动力法也是与种植阶段有关，我们可以将其视为有机＋葡萄酒。就像所有柑橘都是水果，但并非所有水果都是柑橘一样，所有生物动力法葡萄园都是有机的，但并非所有有机葡萄园都是符合生物动力法的。要成为后者，你必须在有机标准之上附加更多的流程和程序。（有关生物动力法葡萄酒的更多信息，请参阅第 142 页。）

然后，就到了自然葡萄酒（或者叫天然葡萄酒），这种酒也被称为"低保真""最小干预"或"零／零葡萄酒"（意思是没有添加或去掉任何东西）。与其他两个标签不同，自然酒与酿造过程有关。但如果有人告诉你，他们知道什么是自然葡萄酒，那么他们就是在撒谎。

自然葡萄酒这个术语没有明确的法律定义，也没有官方认证机构。一般来说，就是通过尽可能少的干预，将有机葡萄酿造成酒。不添加酵母、几乎不进行温度控制、不添加酶或防腐剂，比如二氧化硫，也不进行过滤。为了实现自然酿酒的理想，酿酒可以进行极端的处理方式，比如有些酒庄规定，自然酒的葡萄原料必须手工采摘和脱粒。也有其他人说，"整串发酵"才是未来趋势，在发酵过程中保留果茎，可以为葡萄酒增添一种香味。

随着自然酒运动的发展，自然葡萄酒酿造技术日趋成熟，在很多地方你确实可以找到很多很好的自然葡萄酒。但极简主义并不容易，葡萄酒可能会变得非常奇怪。所以，如果你不喜欢某种自然葡萄酒，不要为此感到难过。因为这并不意味着你不喜欢所有的自然葡萄酒。

布洛托 – 巴罗洛的
当红炸子鸡

乌拉圭成为第一个"大麻合法化"的国家。

为了应对人口迅速老龄化和男女比例失衡问题，中国放宽了独生子女政策。

在没有任何预警的情况下，俄罗斯车里雅宾斯克州发生天体坠落事件，造成一千多名居民受伤。科学家们开始研发太空防护设施来保护地球免受外星天体的侵害。

2013

传统巴罗洛始于 20 世纪 40 年代。到了 20 世纪 90 年代，因人们对葡萄酒的品位偏好转向果香丰富、口感浓郁、富有国际风格，传统巴罗洛的地位也发生了动摇。于是，巴罗洛的许多酒庄要么属于这个阵营，要么属于另一个阵营，要么是传统的，要么是现代的。对一些传统巴罗洛的批评，主要集中在它们需要太长的时间才能变得足够温顺以便饮用（参见第 82 页），而现代葡萄酒缺乏保持新鲜和独特巴罗洛风味所需的单宁。值得庆幸的是，在 21 世纪初，品位的转变在两个阵营之间找到了平衡，既尊重传统的风味，又拥抱不断变化的天气，才能酿出适合年轻消费者饮用的葡萄酒。

G. B. 布洛托酒庄（G.B.Burlotto）通过这一转变成为明星。布洛托酒庄长期以来一直在凡登诺村（Verduno）酿酒，这里是巴罗洛海拔最高、最北的地区，也是最凉爽的地区。酒庄的葡萄园，蒙维格里罗园（Monvigliero）是一个特殊的地方，但除了最忠诚的意大利老饕之外，它基本上不为人所知。当葡萄酒评论家安东尼·盖洛尼（Antonio Galloni）给予布洛托酒庄 2013 年份酒 100 分的好评后，一切都发生了变化。无论十年前巴罗洛怎样被评为 100 分，布洛托酒庄的葡萄酒都已经是不一样的葡萄酒了。酒庄采用世代相传的技术，例如，用脚踩踏来破碎葡萄，通过整串发酵温和地提取风味。这是一款独一无二的巴罗洛葡萄酒，其风格反映了布洛托酒庄的手工特点和葡萄园的精致特征。几十年来，布洛托酒庄一直以这种方式酿造葡萄酒，但评论家们却不青睐这种风格。因此，当这款芳香浓郁、精益细腻的葡萄酒获得 100 分的高分时，巴罗洛产区包括酿酒师本人被深深震惊了。但值得赞扬的是，它展示了巴罗洛酿造精致葡萄酒而不是富有力量感葡萄酒的能力。巴罗洛的酒庄越来越多地将布洛托酒庄视为既能保持传统又能适应环境不断变化的典范。

巴罗洛其他优雅风格的杰出生产商有：

- 布罗维亚酒庄（Brovia）
- 达西酒庄（Cantina d'Arcy）
- 皮诺酒庄（Cantina del Pino）

- 卡瓦洛塔酒庄（Cavallotto）
- 费迪南多·菁林西皮亚诺酒庄（Ferdinando Principiano）
- 拉鲁酒庄（Lalù）
- 奥莱克·邦多尼奥酒庄（Olek Bondonio）

- 菲琳·伊莎贝尔酒庄（Philine Isabelle）
- 拉格纳酒庄（Roagna）
- 特雷迪贝里酒庄（Trediberri）

保护北方：
上皮埃蒙特

上皮埃蒙特（Alto Piemonte）是指意大利皮埃蒙特省（Piemonte）北部的一小块地区，包括巴罗洛和巴巴莱斯科等著名小产区。大约在 20 世纪初，上皮埃蒙特大区包括了加蒂纳拉、卡雷马、莱索纳和布拉马特拉等知名地区，该区域的葡萄园规模几乎是今天的一百倍。在接下来的几十年里，由于经济困难和工人转移到附近城市都灵的菲亚特工厂，葡萄酒产量变得越来越不可持续。直到最近，上皮埃蒙特的葡萄酒产业才逐渐稳定下来，这在很大程度上归功于巴罗洛葡萄酒在国际上取得的成功，以及该地区一小群有质量意识的生产商持续不断地坚守。就像巴罗洛一样，该产区的主要葡萄品种也是内比奥罗，但该产区的海拔更高，葡萄生长温度更低。因此，与布洛托酒庄的风格类似，上皮埃蒙特葡萄酒的酒体细腻且轻盈，同时保留了内比奥罗上佳葡萄酒的戏剧性香气和风味。它的潜力得到了巴罗洛地区最优秀、最雄心勃勃的酿酒师贾科莫·孔特诺（Giacomo Conterno）的认可。2018 年，孔特诺收购了加蒂纳拉（Gattinara）的奈尔维（Nervi）酒庄。其他几家酒庄也持续经营了较长一段时间，但直到最近才开始活跃起来。

如果您正在寻找当今最有价值的意大利葡萄酒，
请关注这些信息：

- 加蒂纳拉的安东尼奥洛酒庄
  （Antoniolo in Gattinara）
- 布拉马特拉的克里斯蒂亚诺·加雷拉酒庄
  （Cristiano Garella in Bramaterra）

- 卡雷马的费兰多酒庄
  （Ferrando in Carema）
- 布拉马特拉的拉佩勒酒庄
  （Le Pianelle in Bramaterra）
- 莱索纳的斯佩罗酒庄
  （Proprietà Sperino in Lessona）

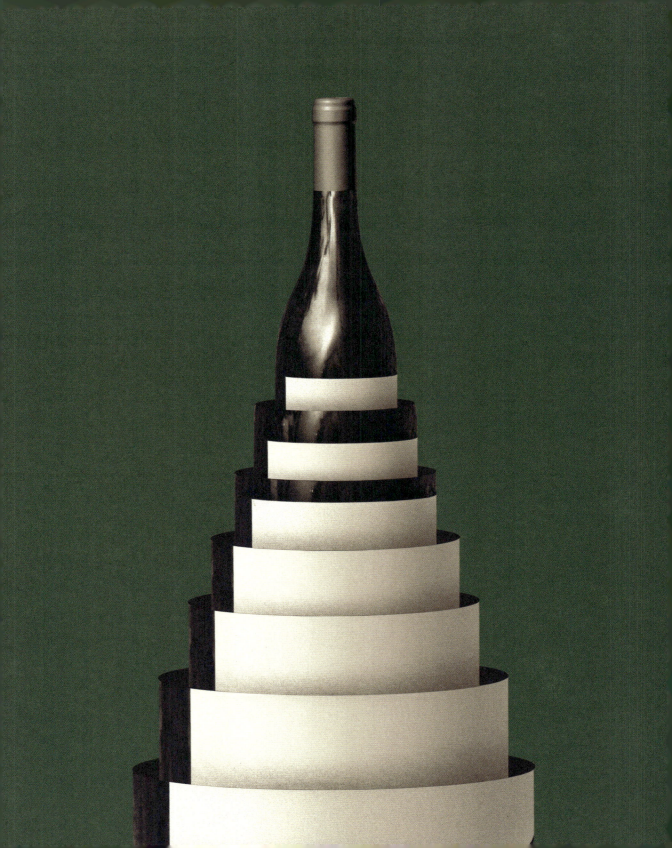

倒霉七人组

28 名游泳选手成为第一批横渡死海的人，他们用了 7 个小时完成此壮举，以此来唤起人们关注这片水域即将灭绝的风险。

林－曼努尔·米兰达（Lin-Manuel Miranda）的《汉密尔顿》（Hamilton）获得托尼奖最佳音乐剧奖，为今后多年糟糕的卡拉 OK 行业打开了市场。

英国公投脱欧，特朗普赢得美国总统宝座，增强现实游戏《宝可梦 GO》（Pokémon GO）帮助我们逃离现实。

2016

与打造音乐曲目或高街品牌的限量版设计师系列不同，酿酒师之间很少合作。这并不是说他们反对这样做，而是因为葡萄采摘、压榨、酿成酒后，往往只能归属于特定酒庄或酒厂。直到最近，为了应对气候变化导致的、持续上升的葡萄收成风险，一些世界上最好的生产商才开始着手投资其他国家，眼光转向了其他半球，以实现资产多元化。这样，为防止极端气候影响，以不在同一个时间采收为原则而建立起来的跨国合资葡萄酒企业越来越多。不过，2016 年是一个例外。

2016 年，勃艮第经历了有史以来最严重的霜冻，历史上也仅有不多的几次能与之相比。每年的 3 月和 4 月是葡萄生长季初期，如果出现霜冻，那危害是最严重的。不幸的是，勃艮第在这一年的 4 月遇到了大霜冻。当葡萄藤刚刚开始发芽，霜冻冻死了本该结出果实的枝条，就意味着这根枝条在本年里不会再挂果了。这就像打扑克时，你第一把牌就输掉了所有的钱，并且没有机会再重新入场。

这一年，世界上最昂贵的顶级白葡萄酒特级园蒙哈榭园（Montrachet）的七家不同所有者中，没有一家能够收获足够的葡萄来酿造自家的葡萄酒。于是，他们破天荒地做了一件不可思议的事：他们聚在一起，决定七家一起混酿同一款酒。但即便如此，总共采摘下来的葡萄原料也只够生产 600 瓶酒。七家人给这 600 瓶酒取名为"七个酒庄的非凡收获"（L'Exceptionnelle Vendange des 7 Domaines，江湖人称"七庄特酿"）。从法律上讲，这种合作是可能的，因为蒙哈榭整个地区只种植霞多丽。本质上，每个酒庄的葡萄原料都一模一样。

然而，大霜冻影响的不仅仅是产量。虽然 2016 年份酒因七家合作和稀缺性而闻名，但它不一定会因其口味而被人们记住。勒弗莱酒庄的首席酿酒师表示："虽然这一努力值得自豪，但我们希望永远不必再这样做了。"

以下是 2016 年七家蒙哈榭（Montrachet）拥有者的数据，当年销售量与正常年份销售量的对比：

- 克劳丁酒庄（Claudine Petitjean）：
  45 瓶，而正常年份为 300 瓶
- 罗曼尼·康帝酒庄（Domaine de la Romanée-Conti）：
  280 瓶，而正常年份为 3000 瓶

- 拉芳酒庄（Domaine des Comtes Lafon）：
  139 瓶，而正常年份为 2400 瓶
- 玫瑰香酒庄（Domaine Fleurot-Larose）：
  46 瓶，而正常年份为 300 瓶
- 盖伊·阿米奥父子（Domaine Guy Amiot）：
  71 瓶，而正常年份为 600 瓶

- 拉米·皮洛特酒庄（Domaine Lamy-Pillot）：
  45 瓶，而正常年份为 300 瓶
- 勒弗莱酒庄（Domaine Leflaive）：
  57 瓶，而正常年份为 300 瓶

致敬逆袭的黑马

科学家宣布 2016 年是有记录以来最热的一年，但这是连续第三次打破最热记录了。

在夏威夷火山脚下隔离八个月后，六名宇航员在火星模拟中睡眼惺忪地出现，该模拟旨在研究长期太空任务的心理影响。

由于美国海洋世界公园承诺终止杀人鲸表演秀项目，虎鲸们即将获得自由。但显然，全国各地的"预见虎鲸"表演是豁免的。

2017

汝拉（Jura）位于距离勃艮第不远的法国阿尔卑斯山地区，主要以天然葡萄酒产区而闻名，但它符合世界上最受尊敬地区的所有准则。它的历史，甚至它的土壤，都值得用一本书去讲述。汝拉是一个非常独特的地方，这里的葡萄酒有自己的风格，无论是起泡酒、白葡萄酒、红葡萄酒还是甜葡萄酒。白葡萄品种是霞多丽和萨瓦宁（Savagnin），这两种葡萄具有相似的质地和风味，而红葡萄品种是黑皮诺、特鲁索和不太常见的普萨尔，它们通常都是单独装瓶。人们通常将该地产的白葡萄酒和红葡萄酒与勃艮第的进行比较，这是有充分的理由的，因为这两个地区的葡萄酒在风格上有很多相似之处。

尽管有这样的渊源，该地区最好的生产商直到 2017 年才成为葡萄酒界的"名流"。在没有集体营销策略的情况下，公众开始认识到汝拉产区出产真正优质的葡萄酒，从更广泛的意义上讲，是由于消费者不再追逐 20 世纪 90 年代的大牌葡萄酒，转而集中关注当今的精酿葡萄酒。

汝拉地区的成功来自一批早期就相信自己所在地区的生产商。 皮埃尔·欧维诺酒庄（Domaine Pierre Overnoy）是汝拉地区历史上最前卫、最重要的生产商。继欧维诺之后，加内瓦酒庄（Ganevat）是汝拉地区的第二个备受追捧的酒庄。 加内瓦酒庄将年份酒和葡萄混合在一起，并利用各种酿酒技术生产出一系列非凡但令人困惑的葡萄酒。蒂索酒庄（Domaine Tissot）是进入汝拉地区的绝佳切入点，它生产种类繁多的葡萄酒，从价格实惠的起泡酒到稀有的单一葡萄园葡萄酒，足以展现该地区的广博。它的白葡萄酒咸味浓郁，而红葡萄酒则狂野而清淡。在雅克·普菲尼（Jacques Puffeney）于 2014 年出售葡萄园并退休之前，他的葡萄酒对于美国市场上的许多人来说是通往汝拉的门户——低调朴实，但仍能保持精确性，且价格实惠，充满吸引力。这批元老带出了新一代。这些新来的孩子们很快就成为该地区的形象代言人，其中一些是当之无愧、名副其实的，其风头常常盖过了汝拉最初的那批生产商；但另一些只是个新名字而已。

目前汝拉地区最好的葡萄酒可能来自蓝天白云酒庄（Domaines des Miroirs，直译应该是镜子酒庄，但业界因其酒标是蓝天白云，故称其蓝天白云酒庄）的日本酿酒师镜健次郎（Kenjirō Kagami）。镜健次郎在天然葡萄酒和经典葡萄酒之间取得了平衡。他的首个年份酒是 2011 年，由于其稀缺性，他的葡萄酒从此成为法国最受欢迎的葡萄酒之一。

与蓝天白云酒庄类似，已故的帕斯卡·克莱雷（Pascal Clairet）也用优

质的、量产少的葡萄酒，造就了一家享有盛誉的酒庄。

尽管它的体量微小，但影响力却如同猛犸象。克莱雷的葡萄酒是汝拉地区独特品质的最佳典范。尽管他们像汝拉地区的大多数人一样遵循天然葡萄酒的做法，但给它们贴上"天然"的标签可能有些小看了它们。在这样一位才华横溢的酿酒师手中，它们是纯粹的，而不是狂野和晦涩的。其他天然但经典的葡萄酒包括：低语酒庄（Domaine des Murmures）的葡萄酒美味、简单，并具有不确定性——以一种好的方式；以及艾蒂安·第伯（Étienne Thiebaud）的葡萄酒。

天然葡萄酒突破了口味的界限，如果你还未尝试过，那么这些生产商就是你要寻找或者留意的：

- 奥克塔文酒庄（Domaine de l'Octavin）
- 多洛米斯（Les Dolomines）
- 佩吉和让-帕斯卡·布伦福斯（Peggy and Jean-Pascal Buronfosse）
- 菲利普·博纳德（Philippe Bornard）
- 雷诺·布鲁耶尔和艾德琳·胡水（Renaud Bruyère and Adeline Houillon）

不可能：
开喝桃红葡萄酒

可以说，在过去的五到十年里，桃红葡萄酒行业已经走红一段时间了。它已成为所有人都可以参与的商业项目，从家庭主妇到波兹·马龙（Post Malone，说唱明星，他两天内卖出了 5 万瓶桃红葡萄酒）。它的包装形式多样：易拉罐、塑料袋，甚至会在冷冻饮料机里叽里咕噜地循环。总而言之，桃红葡萄酒失去了它作为葡萄酒的存在感。这种玩法丢人吗？不，相反我们不得不肯定的是，经过这种乱七八糟的折腾，桃红葡萄酒早已从法国南部的浅粉色饮料，摇身一变成为独具一格的酒类饮品。

大多数桃红葡萄酒都是按照传统法酿造的，也就是说它们的工艺基本相同。所以，无论这些粉嫩的葡萄酒来自紫色海洋的普罗旺斯（薰衣草天堂）还是纽约州的长岛，它们的味道几乎相同。但这并不是你不往杯子里倒满桃红葡萄酒的理由。在炎炎夏日，喝上一杯冰镇的冒着冷气儿的桃红葡萄酒，那种感觉简直能让人爽到嗷嗷叫。桃红葡萄酒还有个优势，它太容易饮用了，不需要醒酒、不需要那么"装"地去摇啊晃啊的，也不需要像哈巴狗一样嗅来嗅去。你唯一要干的就是，在过节的时候一瓶不剩地喝光它。

桃红葡萄酒可不是低端的代名词，实际上有很多好的桃红葡萄酒会让你的体验极为美妙，有的酒庄推广有机种植，并特别希望酿出高出市场平均水平一大截的好货。桃红葡萄酒到处都能够生产，在世界上的任何角落，你几乎都可以找到美味可口的桃红葡萄酒。

请选择下列超解渴的干型葡萄酒：

- 西班牙巴斯克产区的
  阿梅兹托伊·特萨科利纳桃红葡萄酒
  （Ameztoi Txakolina Rosado）

- 法国普罗旺斯产区的色邦酒庄桃红葡萄酒
  （Clos Cibonne Rosé）
- 法国邦多勒产区的丹派酒庄桃红葡萄酒
  （Domaine Tempier Bandol Rosé）
- 法国桑塞尔产区的凡卓岸酒庄桃红葡萄酒
  （Domaine Vacheron Rosé）

- 意大利西西里岛的琴键酒庄桃红葡萄酒
  （Girolamo Russo Etna Rosato）
- 美国北加州的马蒂亚松酒庄桃红葡萄酒
  （Matthiasson Rosé）
- 德国摩泽尔产区的斯泰因桃红葡萄酒
  （Stein Rosé）

莫尼耶天团

俄罗斯前情报人员谢尔盖·斯克里帕尔和其女儿尤利娅在英国被神经毒剂诺维乔克毒害后，一位名叫特雷西·达什凯维奇（Tracy Daszkiewicz）的公共卫生官员领导了一项清理工作，以防止英国的索尔兹伯里地区发生类似的灾难。

在泰国的一个山洞里被困十七天后，十二名男孩和他们的足球教练成功获救。

发表在《自然》杂志上的一项研究表明，所有柑橘品种的起源都可以追溯到喜马拉雅山麓。

2018

2018 年前后，世界上最古老葡萄酒产区之一——香槟地区轰轰烈烈地进入到新阶段。香槟种植者运动始于 20 世纪 80 年代末，由一群小酒农发起，他们在自己土地上种植葡萄并酿造葡萄酒（见第 117 页），时至今日，他们当中有的已经成长为成熟酒庄，并推出了经典葡萄酒；有的则依旧是香槟新秀。像皮埃尔·皮特香槟（Pierre Peters）这样的品牌以及他们的标杆产品雪蒂咏系列（Les Chetillons，由 100% 的霞多丽酿造），已经与库克香槟、水晶香槟和唐·培里侬香槟一样成为收藏品。在过去几十年里，安塞勒姆·塞洛斯（Anselme Selosse）一直在引领这场运动。然后，塞洛斯将成功的接力棒传给了杰罗姆·普雷沃斯特（Jérôme Prévost）等人，后者通过借用塞洛斯酒庄的空间开始了自己的事业。

普雷沃斯特选择从莫尼耶皮诺（Pinot Meunier）葡萄品种入手。葡萄酒专家们习惯给某些葡萄品种乱打一些负面的标签，比如：灰比诺葡萄酒口感薄弱，美乐葡萄酒平淡无奇等。而在过去，莫尼耶皮诺葡萄总是最后采摘。莫尼耶皮诺是香槟地区的第三大葡萄品种，排名在更受赞誉的霞多丽和黑皮诺之后。"二战"后，由于它更容易种植，该品种在香槟地区快速流行开来，但它常用于混酿葡萄酒。普雷沃斯特决定改变这一切，他使用莫尼耶皮诺酿造桃红葡萄酒和传统法香槟酒，今天这些都是质量最高的起泡酒之一。另外，他还专门酿造年份葡萄酒，但它们的年份从来都不那么明显；从法律上讲，他的葡萄酒陈酿时间不够长，无法在标签上注明年份。但如果你知道其酒标设计的秘诀，你就可以发现它的年份。普雷沃斯特将年份暗示在酒瓶上的 LC 字母旁边，例如，"LC18"表示该酒款采用 2018 年份的葡萄酿造。受到普雷沃斯特和莫尼耶皮诺的鼓舞，其他人如奥雷利安·卢尔琴（Aurélien Lurquin）、查尔顿 - 泰勒特（Chartonne-Taillet）、欧歌利屋（Egly-Ouriet）、以马内利·布罗谢（Emmanuel Brochet）和乔治·拉瓦尔（Georges Laval），也开发出自己的莫尼耶皮诺葡萄酒并装瓶上市。莫尼耶皮诺葡萄最终赢得了它应得的尊重。

西班牙欢歌

我们遭遇了疫情，特别不幸的是，卫生纸变得很稀缺。

令人欣慰的是，疫情期间科学家们前所未有地观察到了臭氧层空洞正在悄悄愈合。

2020

几十年来，西班牙葡萄酒一直面临着身份危机。许多西班牙红葡萄酒尝试向美国葡萄酒转型，也就是酿造大酒体、高酒精度的葡萄酒。这与意大利和法国部分地区兴起的创新运动如出一辙，大家都想着提高葡萄酒的评分，且宁愿牺牲自家酒庄引以为豪的特色。虽然这种风格取得了一些成功，比如贝加西西里亚极耐陈年的葡萄酒，但是总体上西班牙葡萄酒仍是乏善可陈。至于白葡萄酒，那些走出国门、出口到国外的葡萄酒都在追逐长相思和灰比诺等易饮型葡萄酒的成功，而不是敢向勃艮第这样更杰出的白葡萄酒发起挑战（西班牙的白葡萄酒已经证明它们肯定能，而且经常能超越勃艮第的白葡萄酒）。最近，西班牙葡萄酒再次找到了自己，这一次，救赎来自散布在该国岛屿、山脉和海岸的中部那些寂寂无名的葡萄园，而不是更常见的杜埃罗河岸（Ribera del Duero）、里奥哈（Rioja）和普里奥拉托（Priorat）等明星产区。

事实上，到了 2020 年，西班牙和邻国葡萄牙已经成为世界上最令人兴奋的葡萄酒产区。受到广泛赞誉的葡萄酒是那些反复强调自己的风味的葡萄酒，而不是国际风格的葡萄酒。它们大多源自其他地区没有的葡萄品种，这些葡萄品种可以酿出现在最受欢迎的咸味、鲜味以及清清爽爽的风格。在西班牙，初创酒庄在这一转变中发挥了基础作用。他们热爱葡萄酒事业，发掘出了一些价格实惠的葡萄园，正巧他们这些人又非常有才华。当天时、地利、人和聚到一起，他们酿造的葡萄酒自然受到了全世界的喜爱。

当今西班牙最好的葡萄酒来自下列酒庄：

- 科曼多 G（Comando G）
- 恩维纳特（Envinate）
- 劳拉·洛伦佐（Laura Lorenzo）
- 戈约·加西亚·维亚德罗（Goyo Garcia Viadero）
- 路易斯·罗德里格斯（Luis Rodriguez）
- 南克莱尔普列托酒庄（Nanclares y Prieto）
- 劳尔·佩雷斯（Raúl Pérez）

致　　谢

喝酒、论酒是件很容易的事，但把它们写在纸上完全是另外一回事儿。感谢克里斯·斯坦（Chris Stang）的《如何饮酒》（*How to Drink Wine*）一书，它不仅写得精彩，而且给了我指导，它不仅赋予我写作这本书的信心，更成为我源源不断的写作灵感之泉。

感谢《如何饮酒》一书和本书的编辑阿曼达·英格兰德（Amanda Englander），她不仅给了我机会，还把我"拖"到了终点线，她出色的编辑技巧和组织能力把我的大白话变成了优美的散文。

感谢贝奇·库珀（Becky Cooper）与我合作完成了这本书。她的智慧、勤奋以及对侧边栏时间线故事的精选与编排，成功让这本书兼具了葡萄酒知识和文化基调。

感谢伊恩·丁格曼（Ian Dingman）和王琼（Joan Wong），他们的创造力和精湛的技艺帮助这本葡萄酒书看起来如此特别和精致。如果没有他们的工作，这本书会大不一样。

感谢联合广场公司（UNSQ，UNION SQUARE & CO.）团队的支持和耐心，特别感谢卡罗琳·休斯（Caroline Hughes）、梅丽莎·法里斯（Melissa Farris）、丽莎·福德（Lisa Forde）、琳达·梁（Linda Liang）、詹妮弗·哈尔珀（Jennifer Halper）、凯文·岩野（Kevin Iwano）和林赛·赫尔曼（Lindsay Herman），还有特里·迪尔（Terry Deal）、艾薇·麦克法登（Ivy McFadden）和艾莉森·斯克拉贝克（Alison Skrabek）。

感谢我在帕瑟尔（Parcelle）的团队，特别是我的合作伙伴约什·艾布拉姆森（Josh Abramson）在我写这本书的时候，接替了我的工作。感谢马特·特沃伦（Matt Tervooren）和马修·马瑟（Matthew Mather）阅读并编辑了这本书的初稿。特别感谢我的朋友和合作伙伴阿维德·罗森格伦

（Arvid Rosengren），他是我认识的最勤奋、最冷静的葡萄酒专家。

如果不是很多人给予我慷慨、耐心和智慧，我永远不会在葡萄酒领域找到一份工作，更不用说撰写与葡萄酒相关的文章和书籍了。我是根据我与那些著名的酿酒师、葡萄酒收藏家、进口商和侍酒师交流的笔记、电子邮件，以及关于他们的回忆写出了这本书，他们是伟大的朋友，无论如何赞扬他们都不为过。

感谢我的前雇主和导师鲍比·斯塔基（Bobby Stuckey）和拉克兰·麦金农-帕特森（Lachlan Mackinnon-Patterson），他们在我21岁还不知道如何打领带时，给了我一份葡萄酒行业的工作。

还有餐厅厨房里的雨果·马西森（Hugo Matheson）和金巴尔·马斯克（Kimbal Musk），感谢你们在不知不觉中让我提前参加了葡萄酒培训课程。还有纽约市普莱西德湖迈克先生比萨店的大卫·尼古拉（David Nicola），他是我见过的最乐观、最慷慨的餐厅老板。

感谢罗伯特·玻尔（Robert Bohr），我将永远感激他，他是我最好的朋友、导师和最喜欢一起喝几瓶酒的人之一。他的辛勤工作、慷慨无私和丰富知识改变了我和其他很多人的生活。

感谢我的家人鼓励我做我喜欢做的事情，这让我坚定了走这条路的信心。

参考读物

Broadbent, Michael. *Michael Broadbent's Vintage Wine*. London: Harcourt/Webster's International, 2002.

Dalton, Levi, host. *I'll Drink to That* (podcast), Anticipation Audio Co., 2012.

Keeling, Dan, and Mark Andrew. *Noble Rot magazine*, 2013.

Liem, Peter. *Champagne Guide (blog)*.

Morris, Jasper. *Inside Burgundy*. London: Berry Bros & Rudd Press, 2010.

Parr, Rajat, and Jordan Mackay. *Secret of the Sommeliers*. Berkeley, CA: Ten Speed Press, 2010.

©2023 Grant Reynolds
Originally published in 2023 in the United States by
Sterling Publishing Co. Inc.
under the title The Wine List: Stories and Tasting Notes
Behind the World's Most Remarkable Bottles.

This edition has been published by arrangement with
Sterling Publishing Co., Inc., 33 East 17T" Street, New York,
NY, USA, 10003.

版贸核渝字（2024）第 234 号

图书在版编目（CIP）数据

梦想酒单：顶级葡萄酒背后的故事与品酒笔记 /
（美）格兰特·雷诺兹（Grant Reynolds）著；李长征译 .
重庆 : 重庆大学出版社 , 2025.8. --（万花筒）.
ISBN 978-7-5689-5377-1

Ⅰ . TS971.22
中国国家版本馆 CIP 数据核字第 2025XJ0935 号

梦想酒单：顶级葡萄酒背后的故事与品酒笔记
MENGXIANG JIUDAN:
DINGJI PUTAOJIU BEIHOU DE GUSHI YU PINJIU BIJI
[美] 格兰特·雷诺兹（Grant Reynolds）著
李长征 译

责任编辑：张　维
书籍设计：山川制本 workshop
责任校对：邹　忌
责任印制：张　策

重庆大学出版社出版发行
社　　址 :（401331）重庆市沙坪坝区大学城西路 21 号
网　　址 : http : //www.cqup.com.cn
印　　刷：天津裕同印刷有限公司
开　　本：787mm × 960mm　1/16
印　　张：13.5
字　　数：252 千
版　　次：2025 年 8 月第 1 版
印　　次：2025 年 8 月第 1 次印刷
书　　号：ISBN 978-7-5689-5377-1
定　　价：99.00 元